故园茂树

探寻京城私家园林的古树

首都绿化委员会办公室
北京市园林古建设计研究院有限公司

编

U0414045

中国林业出版社
China Forestry Publishing House

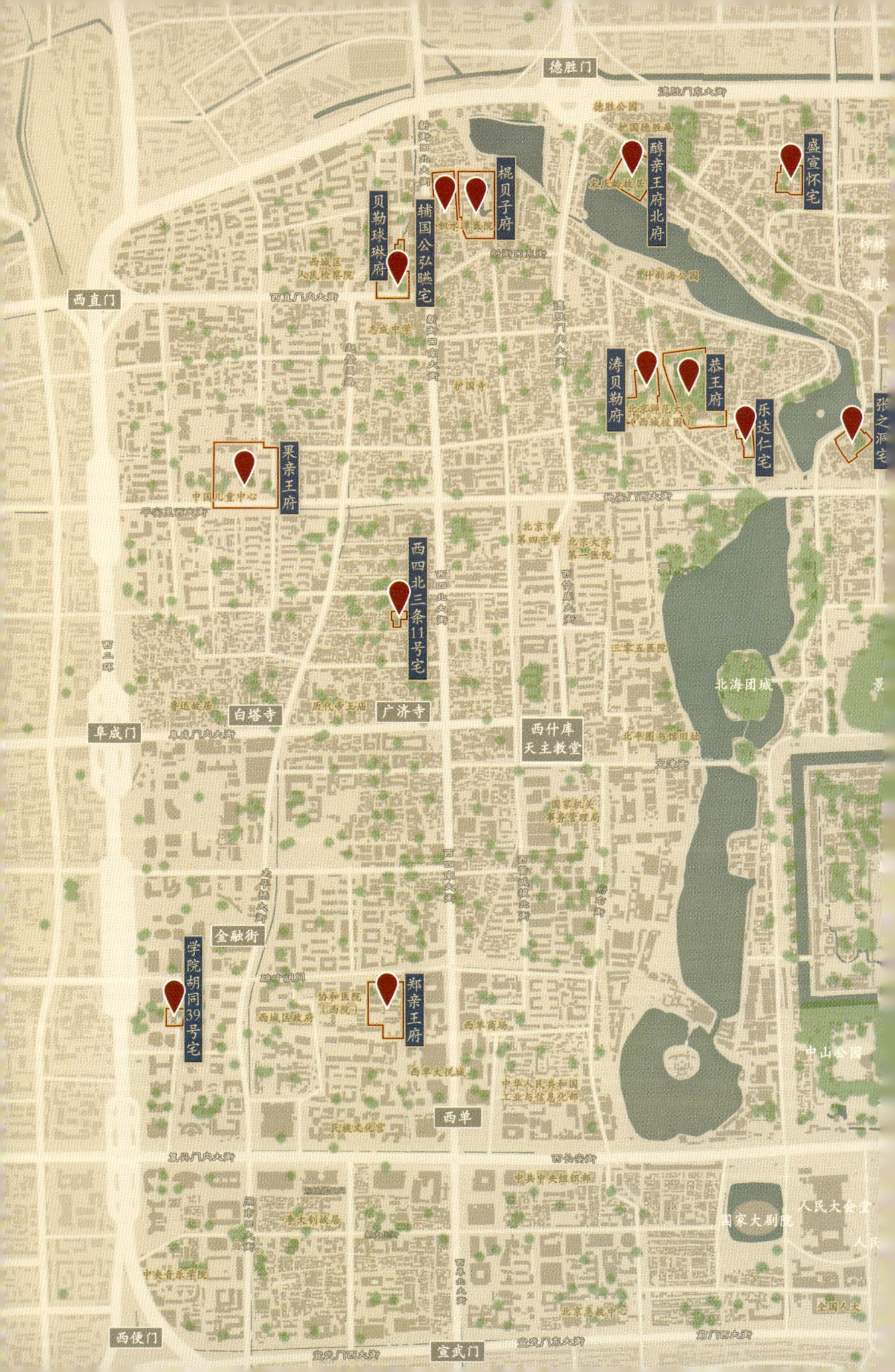

德胜门
德胜门东大街
德胜公园
护国德胜庙
宋庆龄故居
醇亲王府北府
盛宣怀宅
钟楼
鼓楼
新街口北大街
棍贝子府
积水潭医院
辅国公弘曣宅
贝勒球琳府
新街口东街
西城区人民检察院
什刹海公园
西直门
西直门内大街
志成中学
新街口南大街
德胜门内大街
护国寺
涛贝勒府
恭王府
北京师范大学（西城校园）
乐达仁宅
张之洞宅
果亲王府
中国儿童中心
平安里西大街
地安门西大街
北京市第四中学
北京大学第一医院
西四北三条11号宅
西四北大街
西什库大街
西二环
三零五医院
北海团城
景山
鲁迅故居
白塔寺
历代帝王庙
广济寺
西什库天主教堂
阜成门
阜成门内大街
北平图书馆旧址
文津街
国家机关事务管理局
西四南大街
西黄城根北街
府右街
太平桥大街
金融街
学院胡同39号宅
西城区政府
协和医院（西院）
郑亲王府
西单商场
西单大悦城
中华人民共和国工业与信息化部
中山公园
西单
民族文化宫
复兴门内大街
西长安街
中共中央组织部
闹市口大街
李大钊故居
国家大剧院
人民大会堂
中央音乐学院
西单北大街
北京急救中心
全国人大
西便门
宣武门西大街
宣武门
宣武门东大街
前门西大街

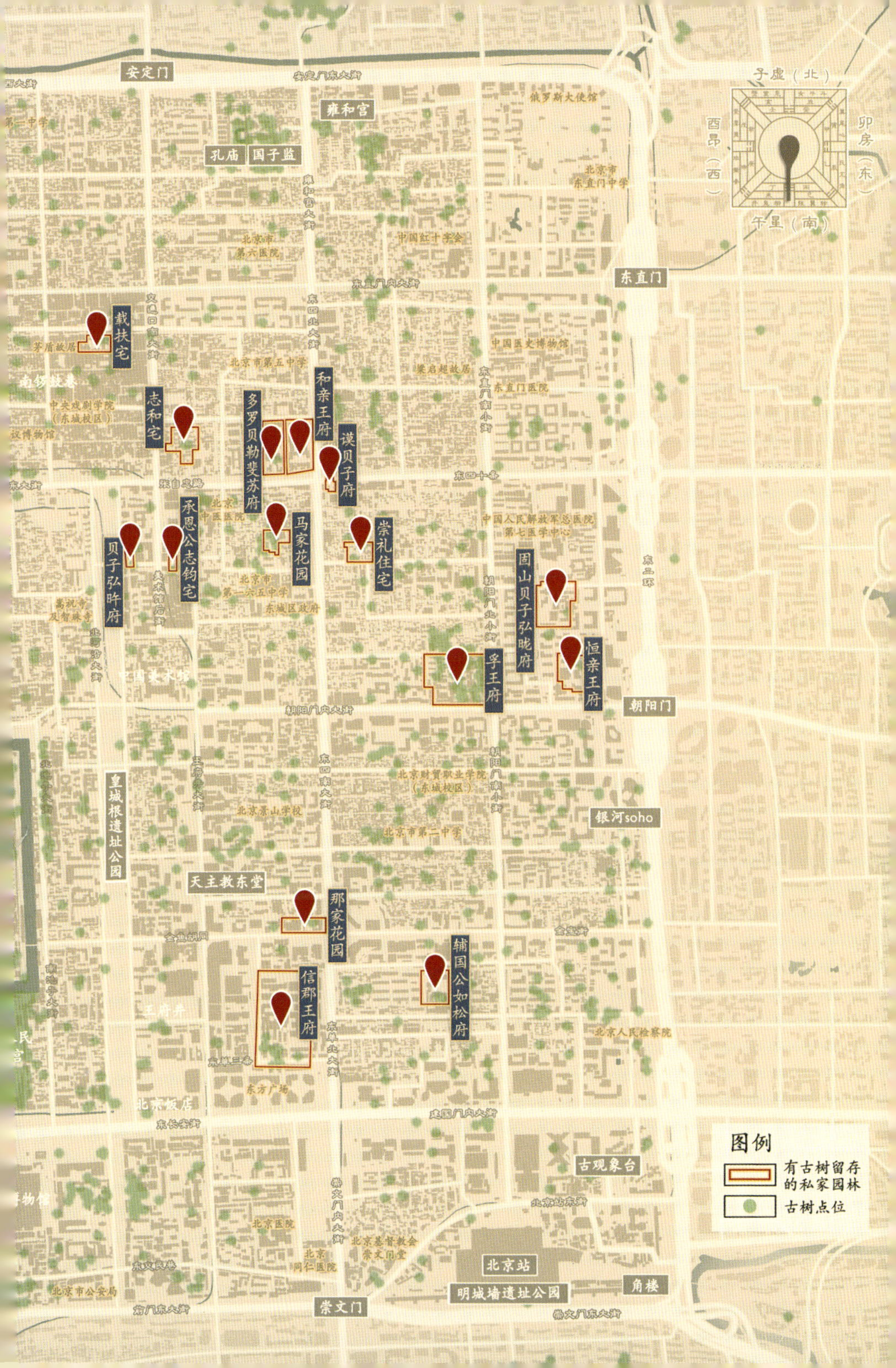

安定门
安定门东大街
雍和宫
孔庙
国子监
俄罗斯大使馆
子虚（北）
酉昴（西）
卯房（东）
午星（南）
北京市东直门中学
中国红十字会
北京市第六医院
东直门
东直门内大街
载扶宅
茅盾故居
南锣鼓巷
中央戏剧学院（东城校区）
志和宅
北京市第五中学
多罗贝勒斐苏府
和亲王府
谟贝子府
梁启超故居
中国医史博物馆
东直门医院
东四十条
承恩公志钧宅
贝子弘旿府
马家花园
崇礼住宅
中国人民解放军总医院第七医学中心
固山贝子弘晈府
孚王府
恒亲王府
朝阳门
朝阳门内大街
东四北大街
东四南大街
皇城根遗址公园
北京财贸职业学院（东城校区）
北京景山学校
北京市第二中学
银河soho
天主教东堂
那家花园
辅国公如松府
信郡王府
王府井
北京人民检察院
北京饭店
东长安街
东方广场
建国门内大街
古观象台
北京站东街
北京医院
北京同仁医院
北京基督教会崇文门堂
北京站
明城墙遗址公园
角楼
崇文门
东交民巷
北京市公安局
前门东大街
崇文门东大街
图例
有古树留存的私家园林
古树点位

前言

北京是一座充满历史底蕴的古城，有着3000余年的建城史和870余年的建都史。同时，北京还是名副其实的“古树之都”，全市登记在册的古树就有4万余株。苍松翠柏掩映下的红墙碧瓦已成为古都北京的代表符号，承载着首都市民难以忘却的乡愁情思。

在北京传统园林中，除了广为人知的皇家园林，还分布着众多的王公府园和私人宅院，清代时期极盛。这些宅园内丰富的植被、建筑和叠山、理水一起，折射出北方城市中人与自然相处的哲学，是当时京城中不可多得的风景。随着城市变迁，如今许多建筑早已不见踪影，而树木却留存了下来，慢慢生长成参天古树。它们是从历史里走出来的绿色“宝藏”，在史书、古画和老照片里延续生长、链接至今，仍是看得见、摸得着的生命。通过对这些古树的探访，我们得以窥见往日京城名园的繁华，并聆听这些古树背后的人文故事。

本书以北京东城区、西城区有古树遗存的私家园林为线索，通过对历史地图和古树数据的叠加，筛选出包括恭王府、孚王府、棍贝子府、崇礼住宅等在内的27处清代私家宅院，共计200余株古树。这些古树涵盖了槐树、银杏、侧柏、西府海棠等12种树种。每一株古树背后，都有着耐人寻味的历史故事，它们不仅见证了北京城的历史变迁，更是古都风貌的重要体现。

书里所提到的“私家园林”泛指“私人及其家族长期使用、居住的府宅花园或别墅园林”，不限于狭义的产权。在府宅、园林产权方面，北京的历史情况较为特殊，许多权贵的居所是朝廷所赐而非自购，产权归皇家，朝廷可收回，但一般供权贵及其家族长期居住，院落及园林的修筑和维护均取决于园主个人意见，在景观设置、功能安排、文化内涵等方面与私家园林趋同。因此，在本书中将王公府园和私人宅园统称“私家园林”。

旧时王谢堂前“树”，如今已在众人前。这是一次对历史、对古树的深度探访，也是一次对文化、对美的深度解读。走近这些古树，就是走进历史深处的风景。让这本书带我们穿越古今，一同前往这些王府、宅邸，探寻京城古树的风采吧。

编委会

2024 年 6 月

图例

清代保留下来的古建筑	
改建后保留下来的古建筑	
现代新建建筑	
绿地	
清代府宅示意范围	
槐树	
龙爪槐	
榆树	
楸树	
枣树	
西府海棠	
银杏	
元宝槭	
白皮松	
侧柏	
圆柏	
卫矛	

目录

东城区古树

西城区古树

东城区古树

东城区

北京的东城区范围内，有许多独具特色的王府与私家宅邸。这些或宏美、或精巧的四合院与私家园林彰显着过去主人的身份与地位，同时也是北京作为金、元、明、清四朝帝都的见证，大大小小的院落空间，承载着一段段辉煌的过去。

府邸园林仍似旧，悠悠岁月换人间。在城市的历史变迁中，许多王府、私人宅院早已不见踪影，徜徉胡同间，而孚王府、恒亲王府、马家花园等14处园林中的古树幸运地留存了下来，经时间雕琢成沧桑遒劲的姿态。它们百年如一日地守护着珍贵的人文遗踪，仿若历史馈赠的线索与注脚，指引着人们追寻一段段前尘往事。

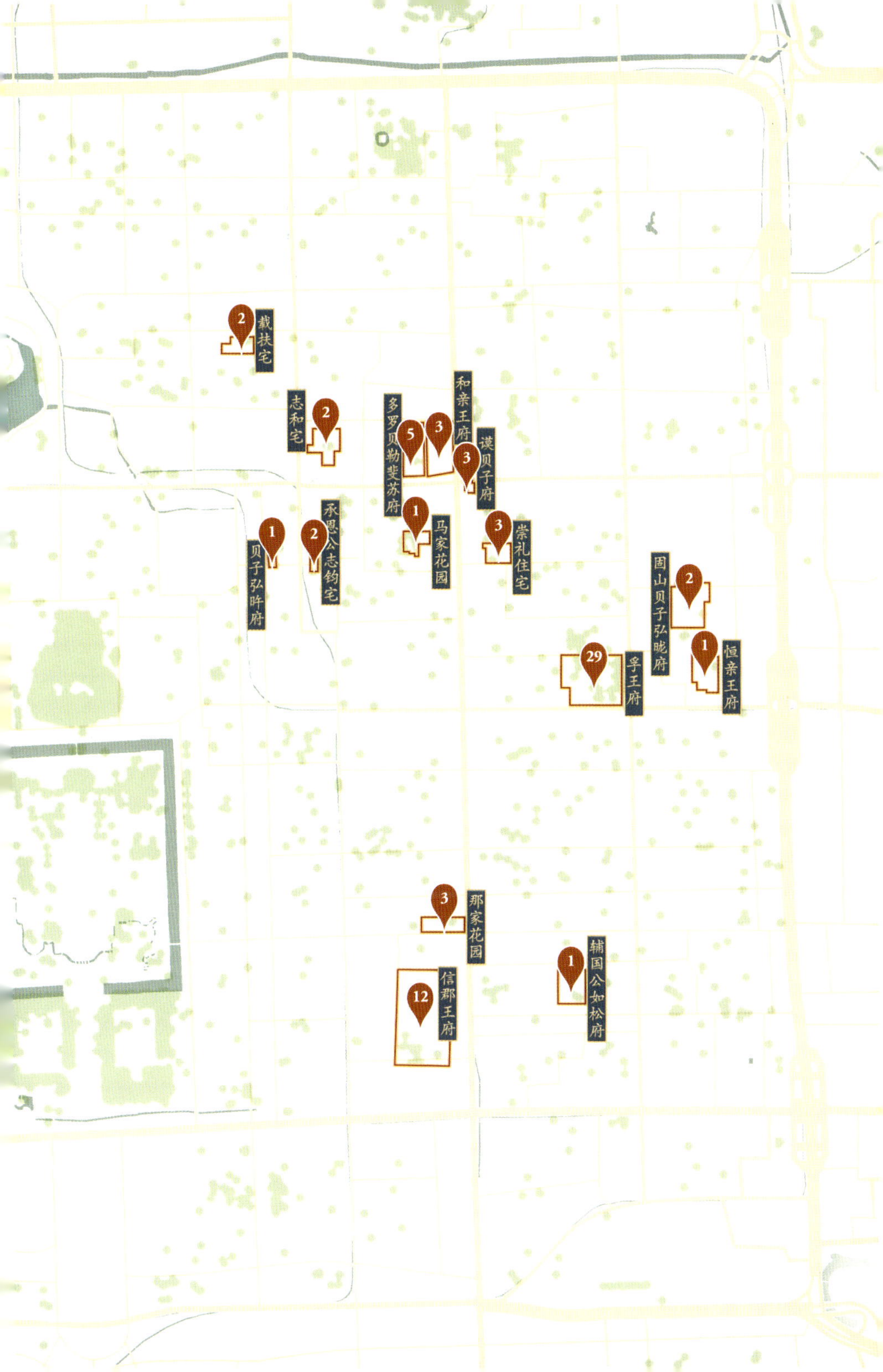

2
载扶宅
2
志和宅
多罗贝勒斐苏府
5
3
和亲王府
3
谟贝子府
1
贝子弘旿府
2
承恩公志钧宅
1
马家花园
3
崇礼住宅
固山贝子弘昽府
2
29
孚王府
1
恒亲王府
3
那家花园
12
信郡王府
1
辅国公如松府

孚王府

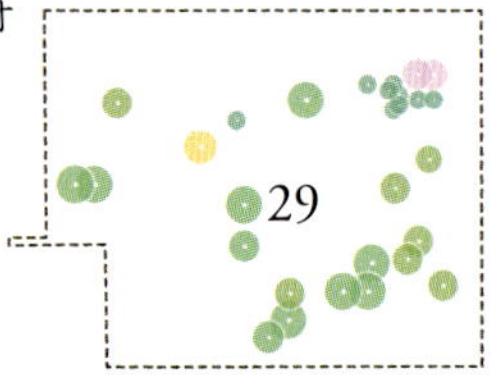

谟贝子府

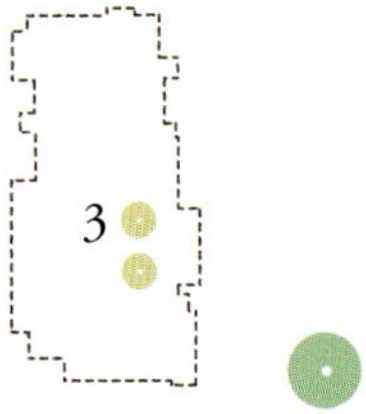

恒亲王府

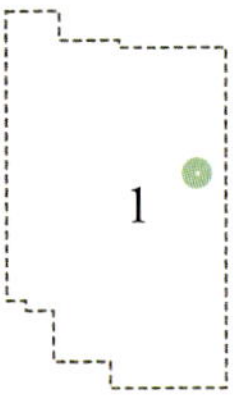

信郡王府

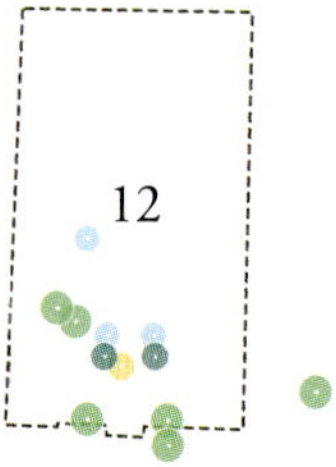

固山贝子弘旽府

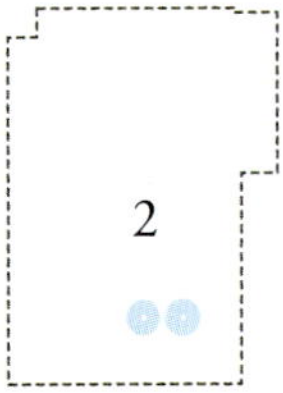

那家花园

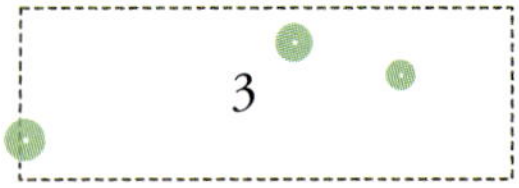

崇礼住宅

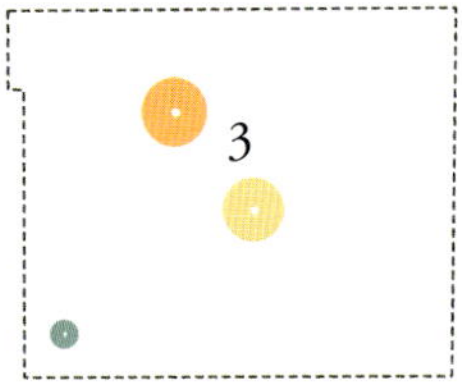

和亲王府和多罗贝勒斐苏府

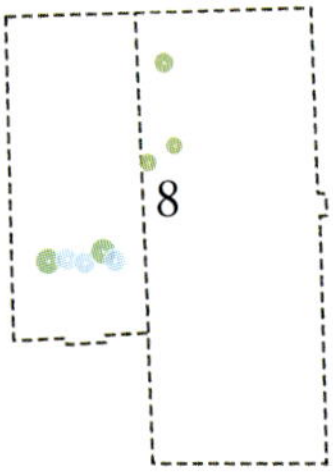

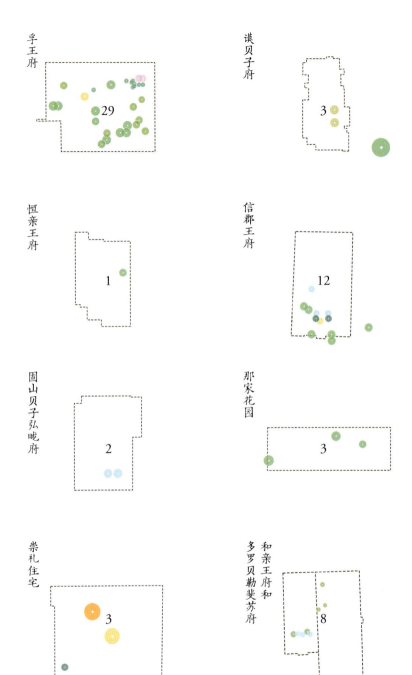

志和宅

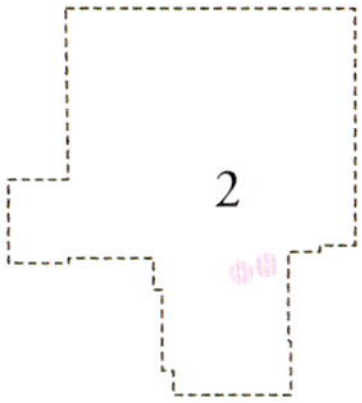

承恩公志钧宅

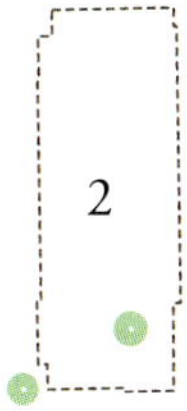

载扶宅

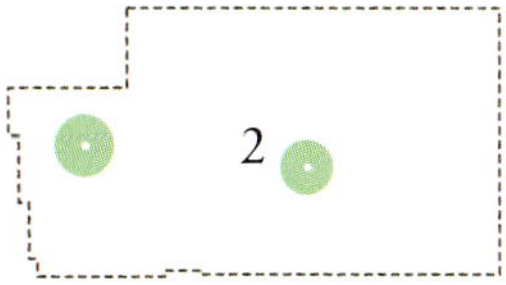

马家花园

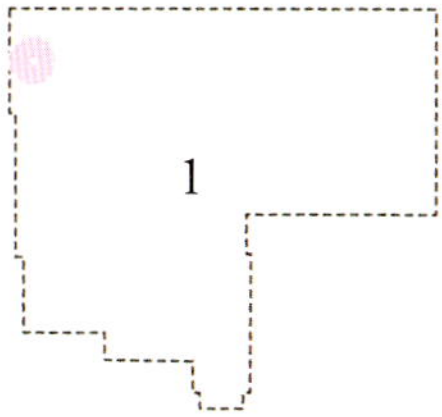

辅国公如松府

贝子弘旿府

孚王府

↑ 孚王府 乾隆时期平面图（改绘自《乾隆京城全图》）

府宅信息

府宅名称　孚王府

始宅主人　弘晓

现状情况　单位及居住区

保护级别　国家级重点文物保护单位

地理位置　东城区朝阳门内大街137号

古树信息

古树数量　29株（一级古树2株，二级古树27株）

树　　种　侧柏、槐树、楸树、榆树、银杏

年　　代　清朝

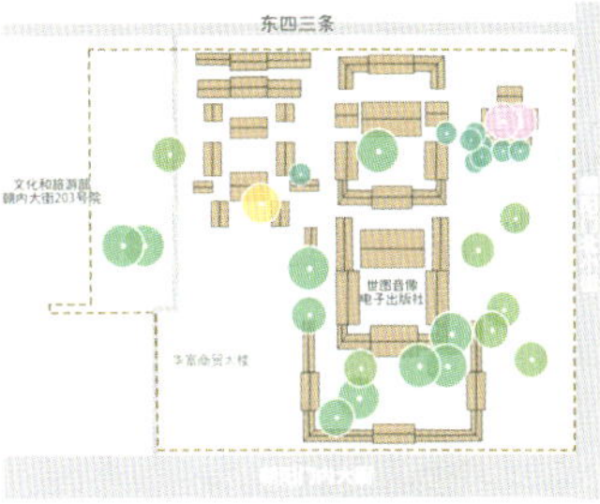

↓ 孚王府 现状布局示意图

位于朝阳门内大街137号的孚王府，院落环境古色古香，古树林立。这些古树见证着世事更迭，如今已成为王府一景，为院落增添了别样的宁静。

孚王府是清雍正皇帝胤禛为感谢其十三弟胤祥而建，建成后由其子弘晓入住，在清同治时期被赏给孚亲王奕譓作为府宅，因其是第九子，又俗称“九王府”。王府几易其主，1928年，这座王府的最后一位王爷溥伒将宅院出售给奉系军阀杨宇霆，此后，这里还曾短暂作为北平大学文理学院。

岁月变迁中，王府中部分建筑及古树幸运地留存了下来。其中有两株年逾300年的古槐树，根部壮硕，树冠浓密，屹立于院中，见证了百年间王府的沧桑历史，与残存的红瓦建筑相互依偎，以一种恢宏的气势，守护着昔日皇家的威严。

院落中其他20余株古树则是清末才栽植的，现今它们穿插在单位和居所之间，有些即使处在夹缝中，仍笔直生长。古树年轮中，镌刻着王府的印记，与此处的建筑、文物一起，默默诉说着王府的历史。这座曾经为王爷精心修缮的庭院，如今也为研究清代建筑史留下了珍贵的资料。

孚王府殿前古槐两株

枝繁叶茂的古槐

屋檐前古柏

孚王府古侧柏仰拍

庭院内古侧柏

孚王府庭园一角

孚王府古银杏（插画）

交通→乘坐地铁 6 号线或 2 号线在朝阳门站（H 西南口）下车 | 乘坐公交车 101 路、109 路、110 路等在朝内小街站下车 开放情况→局部可游览 特色古树观赏期→榆树花期为 3—4 月 | 楸树花期为 5—6 月 | 槐树花期为 7—8 月 | 银杏为 10 月中下旬—11 月中下旬观叶观果 周边景点→固山贝子弘昽府（2 株古树）| 恒亲王府（1 株古树）| 东四胡同博物馆 | 刘墉故居 | 侯宝林故居 | 朝阳首府

恒亲王府

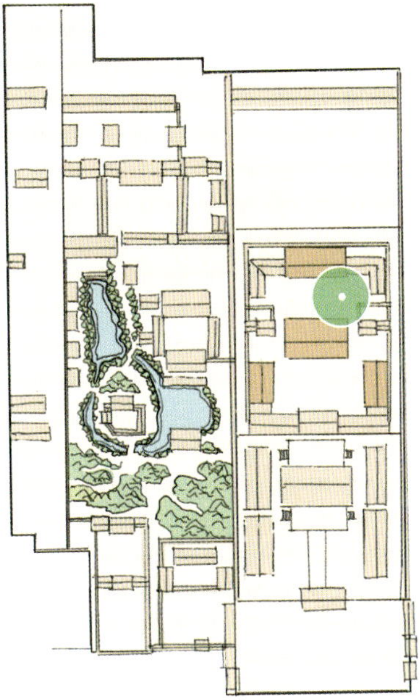

北

府宅信息

府宅名称	恒亲王府
始宅主人	胤祺
现状情况	单位及居住区
保护级别	市级文物保护单位
地理位置	东城区朝阳门内大街烧酒胡同

古树信息

古树数量	1株（二级古树）
树　　种	槐树
年　　代	清朝

↑ 恒亲王府 乾隆时期平面图（改绘自《乾隆京城全图》）

↓ 恒亲王府 现状布局示意图

在东城区的烧酒胡同路北，一处精致且小巧的院落静静矗立，有着浓浓生活气息。在红瓦灰檐的府门前，一株古槐树傲然矗立，让往来行人感受到片刻宁静。这株槐树栽种于清末，树龄约 110 年，它见证了恒亲王家族几世更迭的过程，只有院落中的建筑及沧桑古树残留着故人生活过的痕迹。

恒亲王胤祺是康熙的第五子，为人“秉性平和，持躬谦谨，有乐善好施之风”，在康熙晚年著名的“九子夺嫡”事件中，胤祺并未因权力纷争而陷入困境，可见其为人敦厚。

恒亲王府只传到第三代，历经四世的更迭，王府的繁华已不复当初，规模渐渐缩小。尽管如此，这里仍然保留着些许肇始的模样，当初主人恒亲王的敦厚气息也随着建筑、草木一起留存下来，成为王府的一部分。

这株静静生长的古槐树，见证了如烟的往事，它的枝杈纷繁，向着天空延伸。这株古树在小小的院落里并不显得局促，反而给人一种自在生长、悠然自得的感觉。或许，王府的生命力和这株古树一般，不在恢宏壮阔，而在恣意盎然、小而自得。

恒亲王府古槐

交通→乘坐地铁 6 号线或 2 号线从朝阳门站（E 西北口）下车 | 乘坐公交车 101 路、109 路、110 路等从朝阳门内站下车 开放情况→不可游览 特色古树观赏期→国槐花期为 7—8 月 周边景点→固山贝子弘昽府（2 株古树）| 孚王府（29 株古树）| 朝阳首府 | 朝阳 SOHO | 银河 SOHO 购物中心 | 东四奥林匹克社区公园 | 南豆芽清真寺

固山贝子弘昽府

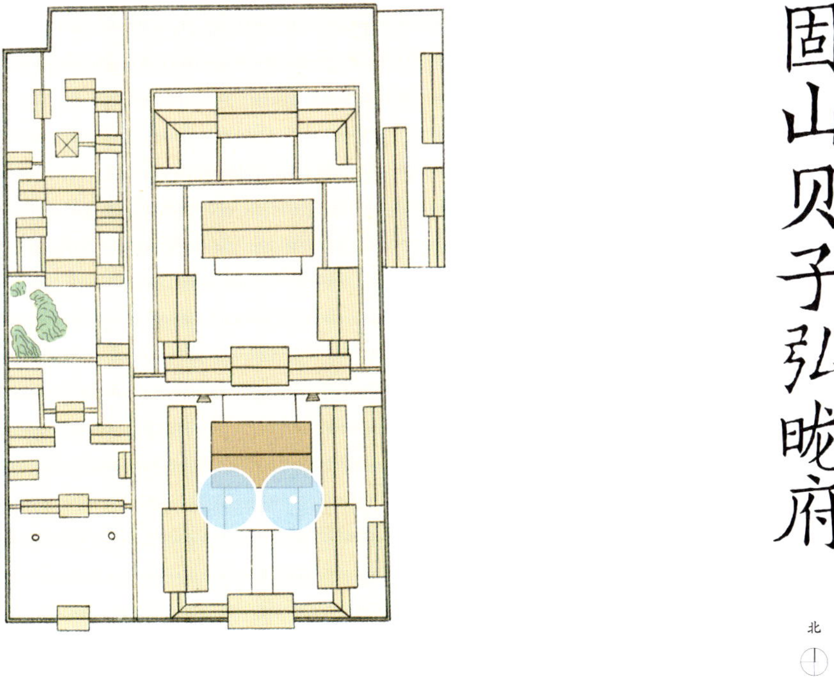

府宅信息

府宅名称　固山贝子弘昽府
始宅主人　胤祐
现状情况　单位及居住区
保护级别　区级文物保护单位
地理位置　东城区朝内北小街仓南胡同5号

古树信息

古树数量　2株（二级古树）
树　　种　白皮松
年　　代　清朝

↑
固山贝子弘昽府
乾隆时期平面图
（改绘自《乾隆京城全图》）

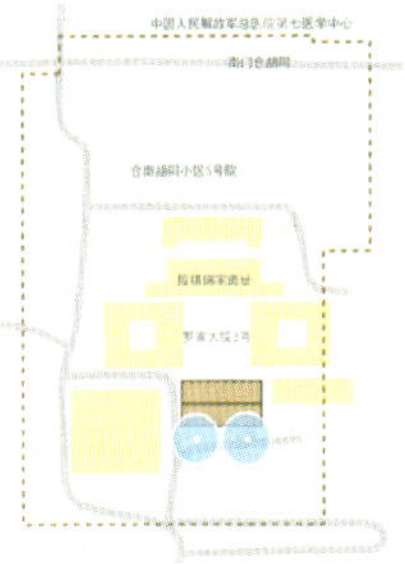

↓
固山贝子弘昽府
现状布局示意图

固山贝子弘昽府位于朝内北小街仓南胡同 5 号院，清朝时为康熙皇帝第二十二子胤祐的府邸。如今王府仅存一座大殿和花园，宅院花园中，留存有两株白皮松，这两株白皮松高大参天，各自还分出数根枝杈，树干虽不粗壮，但挺拔有力，苍劲的姿态与院中灰砖建筑相得益彰。

固山贝子弘昽是胤祐之子，胤祐曾被封为恭勤贝勒，后将宅院传给其长子固山贝子弘昽，固山意为“旗”，贝子代表了爵位等级。贝子的爵位，只传到第三代，但他的子孙却世代居住于此直至清末。北洋政府时期，军阀段祺瑞购得此院，经过段祺瑞改造的院落，呈现出西式建筑与中式格局的完美结合。

王府宅院一代又一代地传承，古白皮松的年轮一圈又一圈地增长，如今的古树斑斓花白，有一种沧桑成熟之美，与文人墨客的情怀相契合，与山石、竹梅相搭配，寓意深远。白皮松还象征着庄严、无畏和勇敢，沧桑且挺拔的姿态，令人不禁联想起王府的前世今生。

树木有灵，生长于宅院之中，常常反映着主人的品

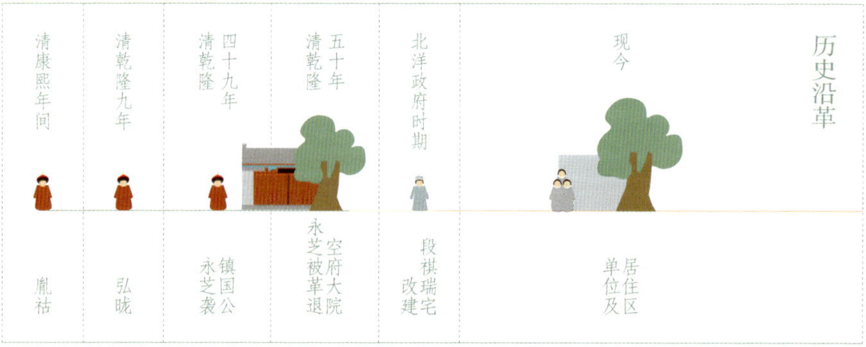

固山贝子弘昽府古白皮松

性或品味。这些古树生于斯、长于斯，虽沉默不语，但它们的存在已成为一种精神和文化的符号，为这座府园增添了一抹浓重的历史韵味。

交通→乘坐地铁 6 号线或 2 号线在朝阳门站（F 东北口）下车 | 乘坐公交车 113 路、115 路等在东四十条桥西站下车 开放情况→不可游览 周边景点→孚王府（29 株古树）| 恒亲王府（1 株古树）| 朝阳首府 | 东四奥林匹克社区公园 | 南豆芽清真寺

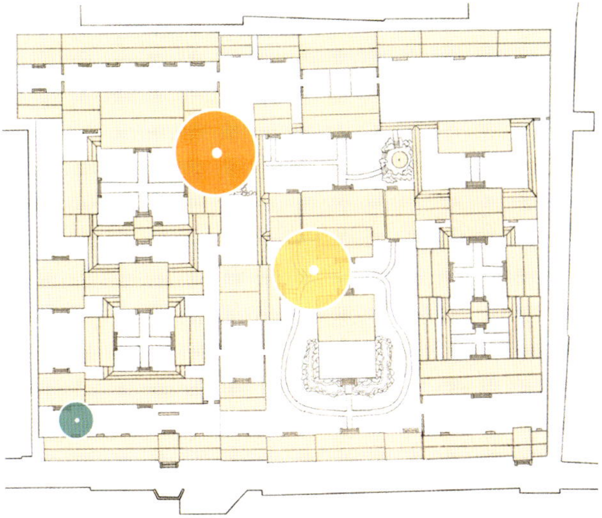

北

崇礼住宅

府宅信息

府宅名称　崇礼住宅
始宅主人　崇礼
现状情况　大杂院
保护级别　国家级重点文物保护单位
地理位置　东城区东四六条胡同63号、65号

古树信息

古树数量　3株（二级古树）
树　　种　银杏、圆柏、元宝槭
年　　代　清朝

↑ 崇礼住宅光绪时期平面图（改绘自《北京私家园林志》）

↓ 崇礼住宅现状布局示意图

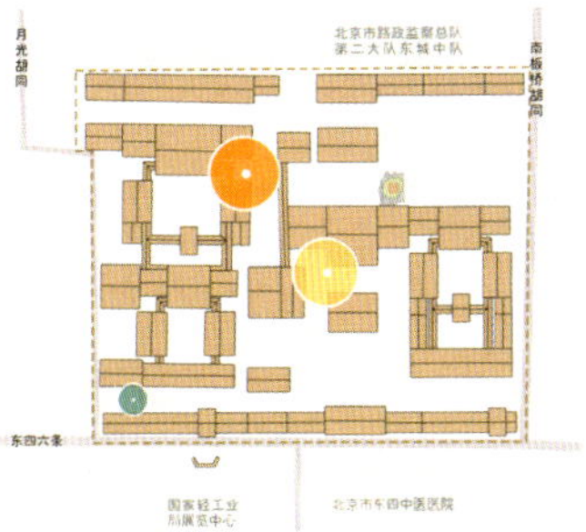

位于东四大街六条胡同的崇礼住宅，与南板桥胡同和月光胡同相邻。园内生长着三株古树，自宅园建立之初便已栽种，圆柏、银杏、元宝槭，三株古树代表了红黄绿三种色彩，共同见证了曾经主人多福的一生。

宅园建于清光绪年间,主人曾是清代大学士崇礼。崇礼曾任内务府大臣，理藩院、刑部尚书，兼步兵统领，官至内阁大学士。尽管身居高位，其政绩却一直平平，即使如此，崇礼住宅的规模也与主人的地位相称，拥有两大宅院和一座花园，占地近万平方米，十分气派。街道南面还设有花洞和马号，规模仅逊于王府，在民国时期还曾被誉为“东城之冠”。

崇礼的一生可以说是“庸人多厚福”。崇礼住宅内的三株古树，与主人的人生一样福泽深厚，古柏参天而立，枝干交错，古银杏则粗壮繁茂，树冠如云。然而，最引人注目的还数宅园里的古元宝槭。北京众多古树中，元宝槭实属罕见，崇礼住宅中这株如此茂盛的元宝槭更是难得。元宝槭的树皮呈片状剥落，如同鱼鳞般斑驳，春夏季节，枫叶翠绿欲滴。秋天来临，元宝槭的叶子逐渐变为红色，分外美丽。

崇礼住宅古银杏

如今，崇礼住宅已成为一个大杂院，住有60多户居民。只有华丽的屋檐、历史建筑风格以及院内生长于各处的古树，还保留着清代至民国时期这里的气派。行走其间，时光仿佛停滞，古树与历史建筑共同向世人讲述着一段悠长的岁月故事。

交通→乘坐地铁5号线在张自忠路站（D西南口）下车｜乘坐地铁6号线在东四站（B东北口）下车｜乘坐公交车113路、115路等在张自忠路站下车 开放情况→局部可游览 特色古树观赏期→元宝槭花期为5月，果期为9月｜银杏为10月中下旬—11月中下旬观叶观果 周边景点→马家花园（1株古树）｜谟贝子府（3株古树）｜吴佩孚故居｜叶圣陶故居

■ 崇礼住宅古元宝槭

未曾出土先有节
及至凌空傲风霜

谟贝子府

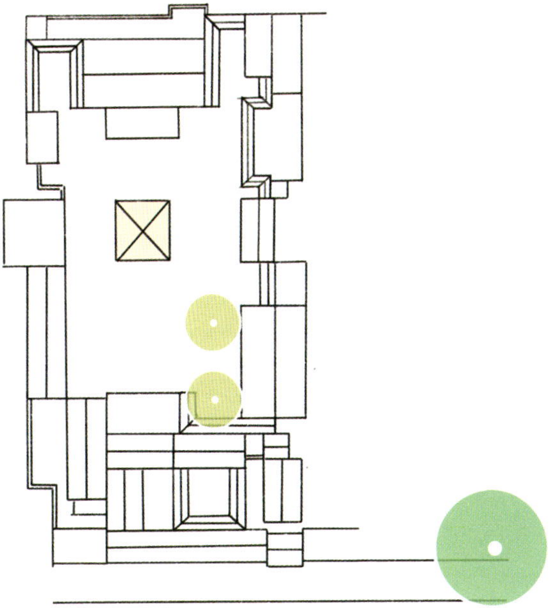

北

府宅信息

府宅名称　谟贝子府
始府主人　奕谟
现状情况　北京市东四九条小学
保护级别　无
地理位置　东城区东四九条67号

古树信息

古树数量　3株（二级古树）
树　　种　槐树、枣树
年　　代　清朝

↑ 谟贝子府20世纪末平面图（改绘自《北京私家园林志》）

↓ 谟贝子府现状布局示意图

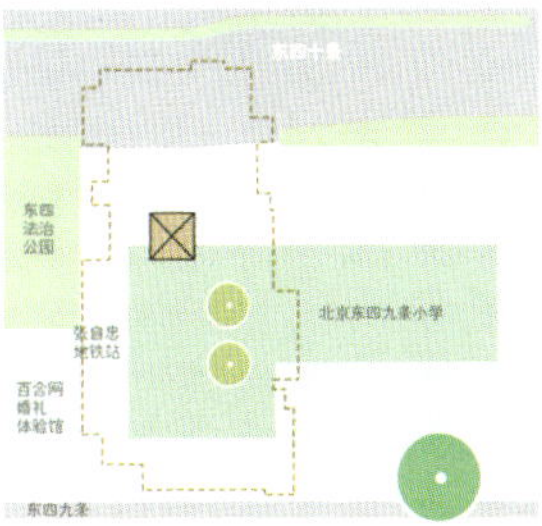

鲁迅先生曾在《野草集 · 秋夜》中写道："在我的后园，可以看见墙外有两株树，一株是枣树，还有一株也是枣树。"如若回忆起东城东四九条的旧事，大概也可以此为开头。在东四九条小学的操场旁边，有两株枣树，它们所生长之处是曾经的谟贝子府。这两株枣树并不高大，时光流逝，在它们灰褐色的树皮上留下了许多岁月的痕迹，让人真切地看到历经世事仍不息生长的树木的沧桑。

谟贝子府，是清代嘉庆皇帝之孙奕谟的府邸。奕谟于同光年间进为贝子，他虽平庸无为，但能书善画，还曾入《八旗画录》。清晚期，贝子奕谟将这座府邸传给了自己的孙子。民国时期，这座昔日的贝子府成为袁世凯总统府顾问、中国银行总裁冯耿光的私人府邸，1924年，梅兰芳还曾借此园为外景拍摄《黛玉葬花》，电影中出现的一座方亭至今仍保留在园中。

历经风雨之后，这座府邸已不复当初模样，如今这里变成东四九条小学，仅剩三株古树幸存下来。除了两株枣树外，还有一株槐树，它位于东四九条小学的门口，

高大挺拔，树冠如伞，为过往的行人遮挡夏季的炎热及冬日的风霜。

三株古树不仅见证了朝代的更迭、建筑的衰败，更见证了贝子府的前世今生。如今，小学门前人来人往，热闹纷繁，古树们仍将继续见证这片土地上的变化。

从路边观看谟贝子府遗存的方亭

东四九条小学操场边的古枣树

谟贝子府古枣树（插画）

交通→乘坐地铁5号线从张自忠路站（C东南口）下车｜乘坐公交车113路、115路等从张自忠路站下车 **开放情况**→局部可游览 **特色古树观赏期**→槐树花期为7—8月；枣树花期为5—7月，果期为8—9月 **周边景点**→志和宅（2株古树）｜和亲王府和多罗贝勒斐苏府（8株古树）｜和敬公主府、承恩公志钧宅（2株古树）｜马家花园（1株古树）｜崇礼住宅（3株古树）｜欧阳予倩故居｜文丞相祠

图为梅兰芳先生在谟贝子府拍摄《黛玉葬花》时的剧照，引自《梅兰芳珍贵老相册》

信郡王府

府宅信息

府宅名称　信郡王府

始府主人　多铎

现状情况　北京协和医院东单院区

保护级别　市级文物保护单位

地理位置　东城区帅府园1号

古树信息

古树数量　12株（一级古树2株，二级古树10株）

树　　种　圆柏、白皮松、槐树、银杏

年　　代　清朝

↑信郡王府乾隆时期平面图（改绘自《乾隆京城全图》）

↓信郡王府现状布局示意图

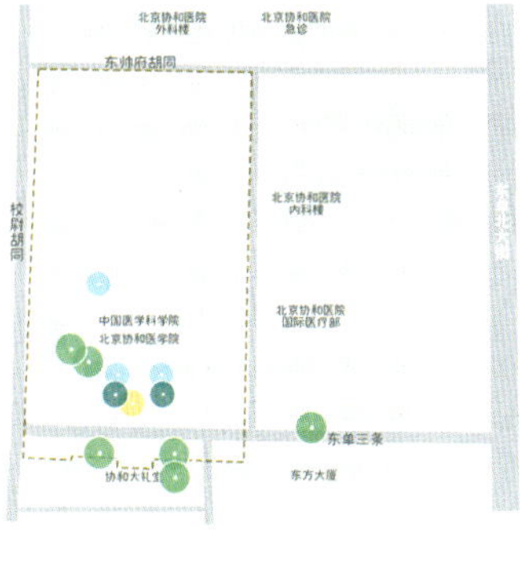

信郡王府位于东城区帅府园胡同东口，如今北京协和医院东单院区的位置。这里不仅楼宇密集，院中还分布着 12 株古树，其中一株古槐树龄 300 余年，位于医院西南角，树木葱茏，犹如一处小微园林。

王府历史上的主人信郡王，是清太祖努尔哈赤第十五子和硕豫通亲王多铎的后裔。多铎是多尔衮的弟弟，从小受到努尔哈赤的钟爱，但因为曾卷入“多尔衮案”，其后代被降至郡王。直到乾隆四十三年，和硕豫亲王的爵位才得以恢复，这座宅院也因此被称为豫亲王府。

据传，清代王府中以礼亲王府和豫亲王府最为宏大，有“礼王府的房，豫王府的墙”的谚语流传。其中，“房”意味着其规模庞大，“墙”则意味着其高大的围墙。足见豫亲王府豪门大院之壮观。

1916 年，最后一代豫亲王将王府售给了美国石油大亨约翰·洛克菲勒，1917 年，美国人在这座王府的地址上奠基，建设协和医院，在这一过程中，王府的所有建筑被悉数拆除。

日月如梭，如今协和医院东单院区中，仅剩南门外

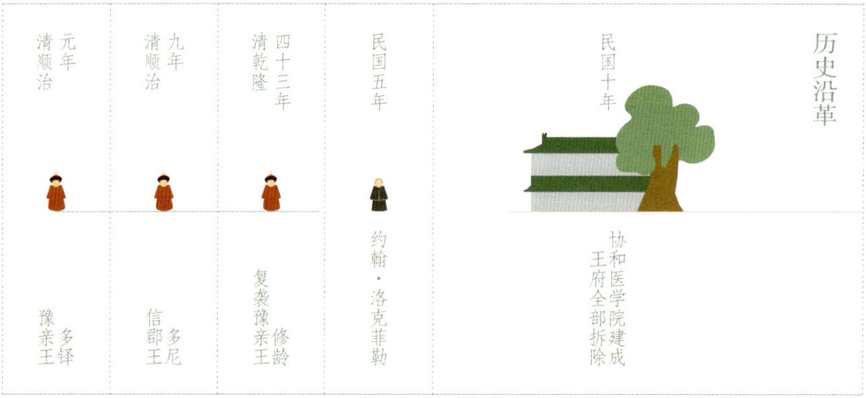

北京协和医院东单院区古银杏

的一对石狮子与古树仍以沧桑面貌记载过往历史。其中，两株古槐树栽种于顺治年间，其余 10 株古树，包括槐树、白皮松、圆柏等，都是在民国六年（1917 年）拆除王府、建成协和医院后才栽种的。这些古树环绕在现今的协和大礼堂和北京协和医学院周围，使这些建筑因古树的陪伴而显得更加威严。槐树庄重、白皮松坚毅、圆柏挺拔，它们见证着一批又一批救死扶伤、悬壶济世的人才的成长。

历史曾在这里喧嚣，如今却悄然退场，化作治病救人的圣殿。这难道不是一段美谈吗？

■ 协和医院绿地中的古槐树

协和医院古银杏局部

交通→乘坐地铁 5 号线在灯市口站（A 西北口）下车 | 乘坐地铁 8 号线在金鱼胡同站（B 东口）下车 | 乘坐公交车 103 路、141 路等在校尉胡同站下车 | 乘坐公交车 106 路、108 路等在米市胡同站下车 开放情况→不可游览 特色古树观赏期→槐树花期为 7—8 月 周边景点→那家花园（3 株古树） | 王府井步行街 | 中国妇女儿童博物馆 | 蔡元培故居 | 奥匈使馆旧址

■ 协和医院大礼堂及古树

那家花园

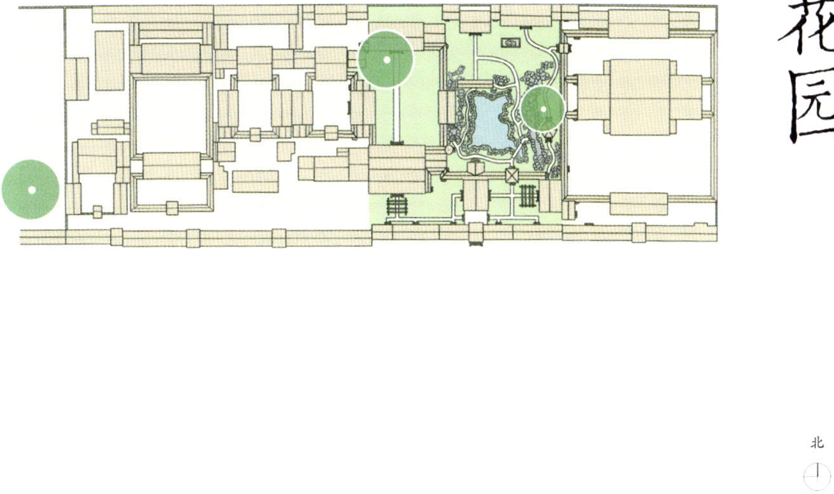

府宅信息

府宅名称 那家花园

始宅主人 那桐

现状情况 和平宾馆、那家花园餐厅

保护级别 无

地理位置 东城区金鱼胡同3号

古树信息

古树数量 3株（二级古树）

树　　种 槐树

年　　代 清朝

↑ 那家花园清朝晚期平面图（改绘自《北京私家园林志》）

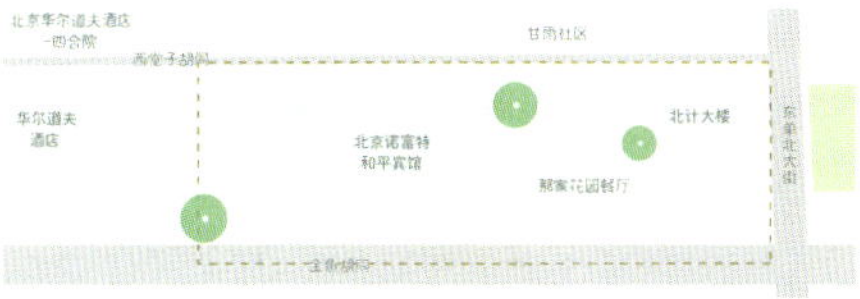

↓ 那家花园现状布局示意图

位于东城区金鱼胡同的那家花园日常关着大门，只能看到门脸和门牌，和周边的四合院乍一看并无太大区别，相比之下，生长在一旁和平宾馆的参天古槐树显得格外惹人注目。据说曾经的那家花园面积比现在大得多，部分院落现在已经改建成了和平宾馆。曾经院内的三株古槐树留存至今，一株位于北京和平宾馆的西侧，一株立于东侧，另有一株立于假山石之上。假山石上这株古槐树，树冠四散向空中生长，遒劲有力，枝杈舒展，在那家花园的角落里演绎着绵绵的生命力。

回溯它的历史，清朝时，这座宅院是京城首屈一指的名园，它的主人是清末重臣那桐，“那”不读四声 nà，而是作为姓氏发一声 nā。那桐，叶赫那拉氏，是晚清“旗下三才子”之一，他曾先后做过户部尚书、外务部尚书、总理衙门大臣、军机大臣、内阁协理大臣等，同外使和北洋政府也有很深的关系。

民国时期，他的宅院那家花园，曾多次举办各种大型社会活动，是当时上流社会交际的场所。1912 年，孙中山先生入京时曾莅临此处，京剧艺术家梅兰芳、杨小

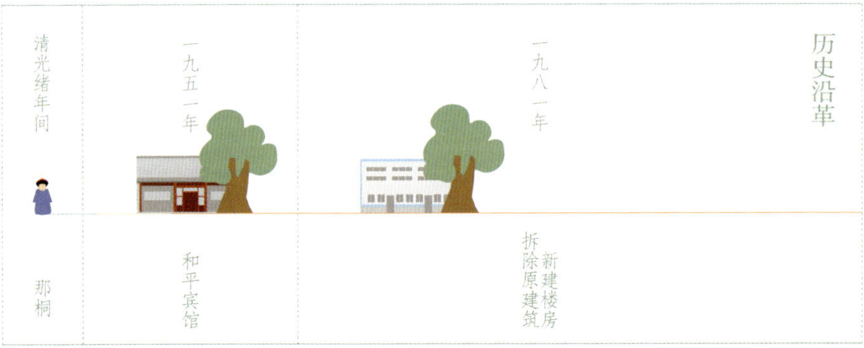

■ 那家花园古树与和平宾馆

楼、余叔岩等都在此演过堂会。新中国成立后，这里成为当时和平饭店的一部分。

既名花园,可见这座宅园设计得十分精巧,植被繁茂。松树、槐树、榆树、紫藤、牡丹等错落有致地分布其间，或苍劲，或美艳，它们不仅装点着园子，也曾是文人墨客饮酒作诗、欢愉宴饮的胜地。百年光阴过去，昔日热闹非凡的社交场所如今已更替为闹中取静的胡同中的花园，曾经繁盛的花园也仅剩三株古树。那家花园见证了一座私家园林的几番历史变迁，古树年深日久地扎根于此，成为连接过去与现在的桥梁，让人们在此品味岁月的沧桑。

那家花园古槐树

那家花园古树局部

交通→乘坐地铁 5 号线在灯市口站（A 西北口）下车 | 乘坐地铁 8 号线在金鱼胡同站（B 东口）下车 | 乘坐公交车 103 路、141 路、前门王府井观光专线等从新东安市场站下车 **开放情况**→局部可游览 **特色古树观赏期**→槐树花期为 7—8 月 **周边景点**→信郡王府（12 株古树） | 王府井步行街 | 中华圣经会旧址 | 梁实秋故居

那桐像

图为晚清时期的那家花园

和亲王府和多罗贝勒斐苏府

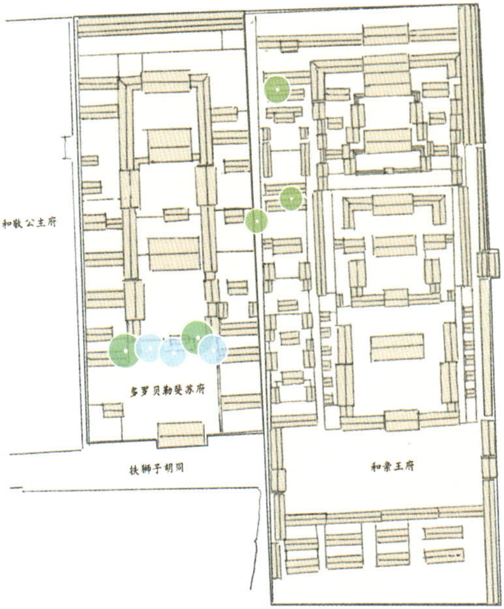

北

府宅信息

府宅名称　和亲王府
始宅主人　胤禛
府宅名称　多罗贝勒斐苏府
始府主人　常颖
现状情况　段祺瑞执政府旧址
保护级别　国家级重点文物保护单位
地理位置　交道口街道张自忠路3号院

古树信息

古树数量　8株（二级古树）
树　　种　白皮松、槐树、榆树
年　　代　清朝

↑ 和亲王府和多罗贝勒斐苏府乾隆时期平面图（改绘自《乾隆京城全图》）

↓ 和亲王府和多罗贝勒斐苏府现状布局示意图

在东城区张自忠路3号，有一处西洋式衙署建筑群，该建筑始建于清朝末期，此地最初为和亲王府和贝子斐苏府，1906年，清政府利用慈禧太后修建颐和园的海军经费余款，拆除了这两座王府，在其上兴建起东、西两组具有西洋风格的砖木结构楼群，后来这里成了清政府的海军部和陆军部。目前，此处留存的八株饱经风霜的古树，大约就是此时栽种留存至今的，距今已有一百多年的历史。这里还曾是段祺瑞执政府，后在中华民国作为总统府、执政府等。

旧址大楼前，三株白皮松和两株槐树矗立着，白皮松挺拔威严，槐树沉稳庄重，更为这座建筑增添了一份肃穆的气息。百年前，历史如惊涛骇浪，发生诸多巨变。

西洋式古建前古槐树

1926年，执政府门前曾发生震惊中外的“三一八”惨案，这些古树见证了时代的更迭，也见证了红色文化的诞生和共产党人的启蒙时刻。

如今的遗址建筑是后来依据历史记载翻建而成的：“清陆军部和海军部旧址”“段祺瑞执政府旧址”“‘三一八’惨案发生地”“中国人民大学老校区”……还有静静伫立的古树，共同记载着遗址背后一段深刻悠久的历史记忆。

交通→乘坐地铁5号线在张自忠路站（B东北口）下车｜乘坐公交车113路、115路等在张自忠路站下车 开放情况→局部可游览 特色古树观赏期→榆树花期为3—4月｜槐树花期为7—8月 周边景点→志和宅（2株古树）｜固山贝子弘昽府（2株古树）｜马家花园（1株古树）｜谟贝子府（3株古树）｜文丞相祠｜和敬公主府

■　多罗贝勒斐苏府古白皮松

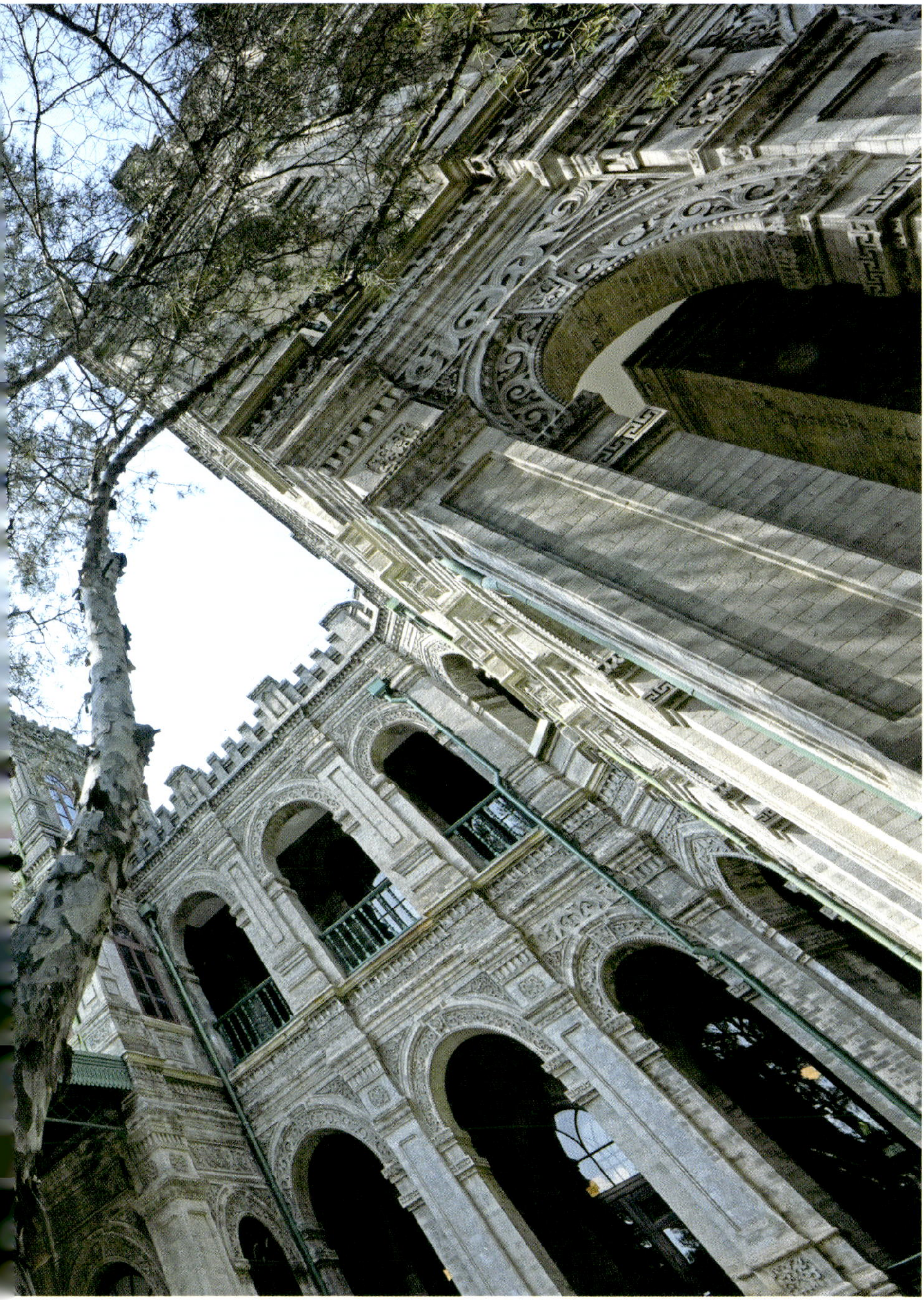

■ 古树环绕西洋式古建

志和宅

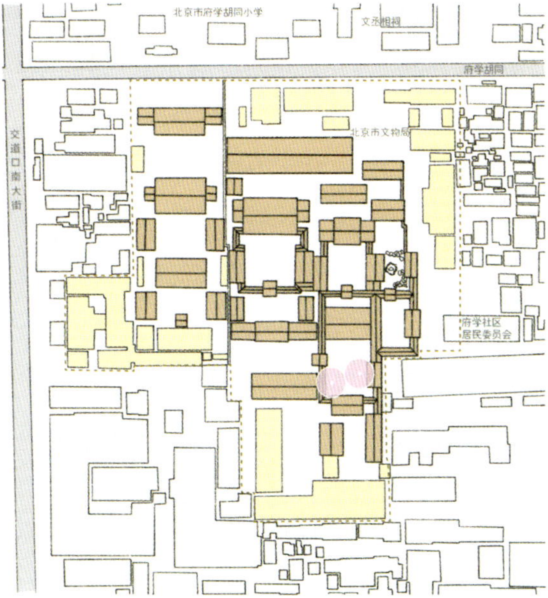

府宅信息

府宅名称　志和宅

始宅主人　志和

现状情况　北京市文物局、北京市东四妇产医院

保护级别　市级文物保护单位

地理位置　东城区府学胡同36号

古树信息

古树数量　2株（二级古树）

树　　种　楸树

年　　代　清朝

↑ 志和宅
现状布局示意图

志和宅位于府学胡同36号，毗邻剪子巷，面向交道口南大街，南临麒麟碑胡同。此宅园共有两组院落，完整保留了传统格局，院中太湖石和小池也被保留些许，还留下了两株古楸树，大约有百年历史。

两组院落原属一宅，因为曾是清末兵部尚书志和的府邸，故名“志和宅”。宅园历经多任主人，曾在1903年被晚清名臣李鸿章购入，用以供奉母亲。新中国成立后，这座宅园作为北京市东四妇产医院和北京市文物局共同使用之地延续至今。

院中两株古楸树自宅园初建时期便植于此，见证了宅园由晚清私人宅邸到现代政府行政部门的演变。楸树树冠庞大，枝叶茂密，灰色的树皮上布满了深深的裂纹，与这座清代的院落相互映衬得宜。

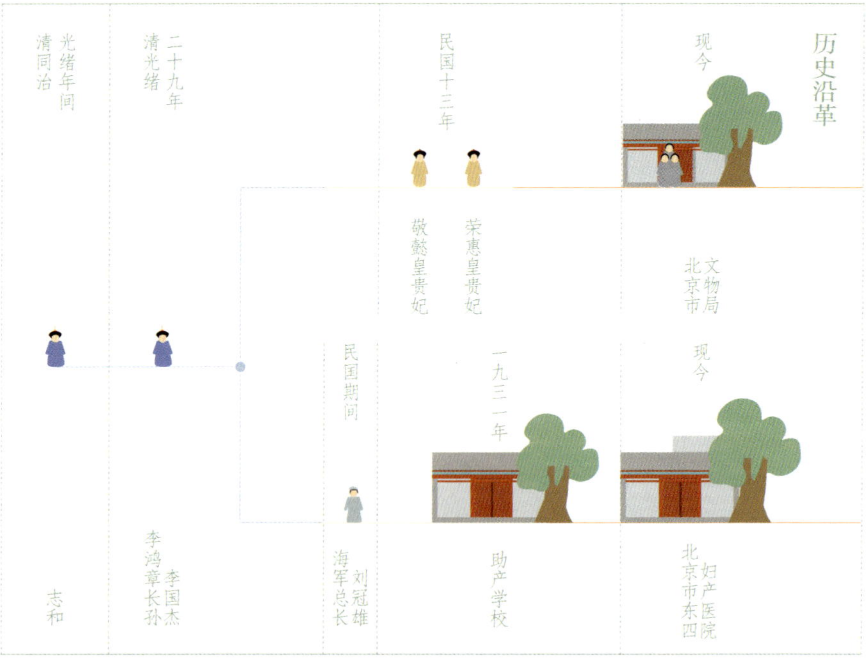

志和宅古楸树

古楸树在北京算是罕见的，但在古代，楸树被广泛栽植于皇宫庭院、胜景名园之中。春季来临时，楸树的枝头缀满形态如钟的淡紫花朵，让人想起韩愈赞美楸树的诗：“谁人与脱青罗帔，看吐高花万万层。”夏秋季节，楸树则变换姿态，叶子由黄转红，色彩斑斓，赏心悦目。这两株楸树，好似在用一年四季迥异的姿态，默默描摹着这座清代宅园曾经的美景。

交通→乘坐地铁 6 号线或 8 号线在南锣鼓巷站（F 东北口）下车 | 乘坐公交车 113 路、115 路等在宽街口东站下车 开放情况→不可游览 特色古树观赏期→楸树花期为 5—6 月 周边景点→和亲王府和多罗贝勒斐苏府（8 株古树）| 和敬公主府 | 载扶宅（2 株古树）| 贝子弘昨府（1 株古树）| 承恩公志钧宅（2 株古树）| 马家花园（1 株古树）| 谟贝子府（3 株古树）| 欧阳予倩故居 | 皇城根遗址公园 | 文丞相祠

载扶宅

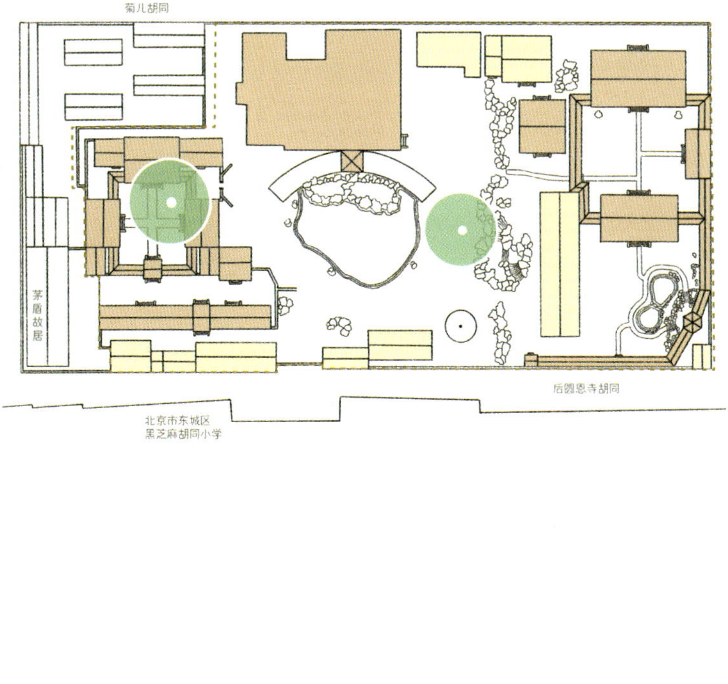

↑
载扶宅
现状布局示意图

府宅信息

府宅名称　载扶宅
始宅主人　载扶
现状情况　友好宾馆
保护级别　市级文物保护单位
地理位置　东城区后圆恩寺7号院

古树信息

古树数量　2株（二级古树）
树　　种　槐树
年　　代　清朝

走进南锣鼓巷附近的后圆恩寺胡同，一座中西合璧的宅园映入眼帘。园内生长着两株百年树龄的古槐树，它们的遒劲姿态与中式的花园景致相得益彰。

这座宅园建于清代，主人是和硕庆亲王奕劻的第二子镇国将军载扶。载扶曾获镇国将军的头衔，但他并未驰骋疆场，而是过着纨绔子弟的生活。他还在赌博过程中将这座宅院输给了他人，最后被一位法国人购得。此后的岁月里，这里相继成为蒋介石的办事处、南斯拉夫驻华使馆等，如今是友好宾馆的一部分。

载扶宅是一座从清代延续到现代，一直被有效使用的典型宅园，中西合璧的格局引人注目，既有西洋式楼房，也有中式花园。园中绿意盎然，曾经的竹林步道充满文人气息。

宅园内仍存的两株古槐树，一株挺拔于假山一侧，另一株立于西路四合院内，百年间依然保持着勃勃生机。两顶茂密的树冠仿佛两个对世界充满兴趣的好奇宝宝，每天从院落西式门脸两侧的墙头上探出头来，望着胡同里来来往往的人，游人在门外也能一眼就看到它们。

载扶宅大门与两侧茂盛的古树（插画）

槐树，被誉为“百木之王”，其生命力旺盛，象征吉祥、祥瑞，还寓意着官运亨通，因此，京城王府宅园中常见其身影。行走在曾经的王府花园之中，想到张恨水在《五月的北平》中形容古槐、紫藤、四合院是旧时京城人家的特有风貌，仿佛穿越回到旧时年岁，看到了槐花泛黄，飘落院中的场景。

交通→乘坐地铁 6 号线或 8 号线在南锣鼓巷站（E 西北口）下车｜乘坐公交车 107 路、124 路等在宝钞胡同站下车 **开放情况**→不可游览 **特色古树观赏期**→槐树花期为 7—8 月 **周边景点**→志和宅（2 株古树）｜达贝子府｜肃宁伯府｜荣禄宅｜茅盾故居｜顾孟余故居｜洪承畴宅｜绮园花园｜和敬公主府｜齐白石旧居纪念馆｜东城区文化馆

辅国公如松府

北

府宅信息

府宅名称　辅国公如松府
始宅主人　石亨
现状情况　北京市第二十四中学
保护级别　无
地理位置　东城区外交部街31号

古树信息

古树数量　1株（二级古树）
树　　种　槐树
年　　代　清朝

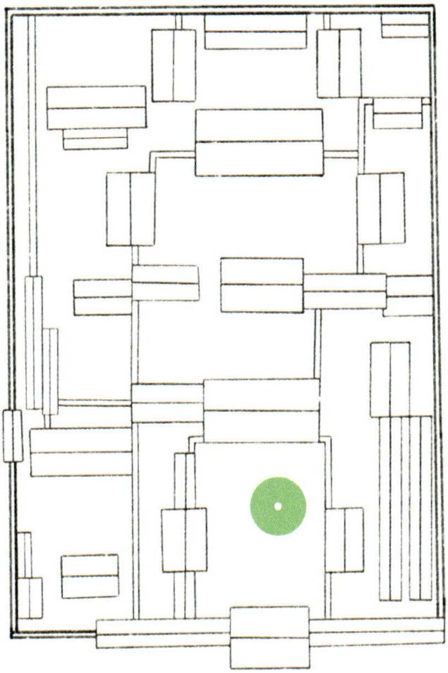

↑ 辅国公如松府乾隆时期平面图（改绘自《乾隆京城全图》）

↓ 辅国公如松府现状布局示意图

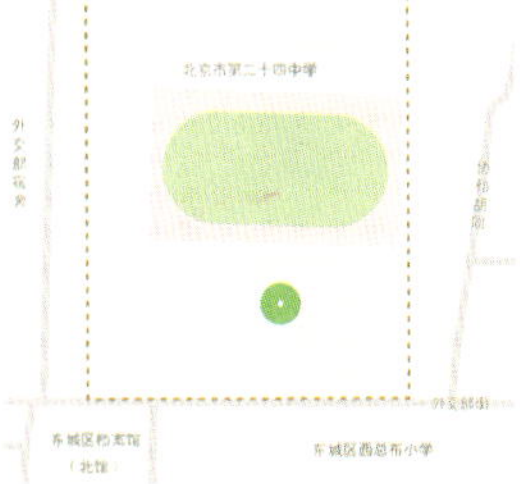

东城区外交街上的北京市第二十四中学有着诸多前身，如若往前推溯历史，民国年间，这里是北平著名的中学——京师私立大同中学，再往前，清代时这里是辅国公如松的府邸，乾隆四十三年，如松被追封为睿恪亲王，所以这也曾是一座清朝王府。

如今，王府的原貌不复存在，但漫步在充满朝气的二十四中学校园中，还能寻得一株约百年树龄的古榆树，这株古树树干弯曲有度，树冠向着同一方向延伸，不仅毫无颓势，反而展现出勃勃生机。站在树下仰望，树冠如同伞盖，为这片道路带来舒适荫蔽。

古树如一本可读的历史书，引人回忆往事。王府的主人辅国公如松，睿亲王功宜布第三子，被后人称为儒王。他的府邸很气派，中路建筑如同缩小的紫禁城三大殿，东路有宗祠、大厨房、磁器库、灯笼库和王府戏台等。

这座府宅，源于明代权倾朝野的石亨的府邸，其间所属辗转数次，几易其主。1923 年，这里成为京城名校——京师私立大同中学所在地，如今在北京第二十四中学内，仍然可以看到“大同”二字的石碑，以及建校

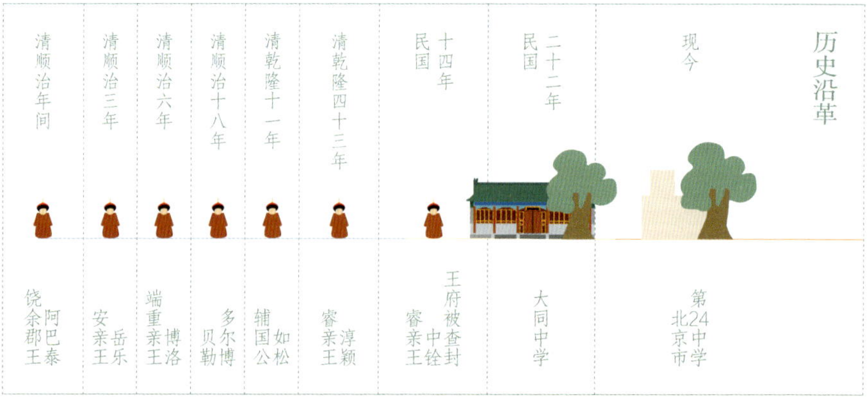

■ 辅国公如松府古槐树局部

■ 古槐树与“大同”石碑

透过环廊看古树

时的亭台水榭，它们共同保留了古典建筑的韵味。

在中国传统文化中，榆树寓意坚韧与美丽，被视为吉祥之树。这株榆树如同守护神一般，立在校园的显著位置，见证王府变换为名校的光阴，陪伴着一代又一代学生茁壮成长。它如同图腾一般，印刻在学校的悠悠岁月之中。

交通→乘坐地铁 1 号线八通线号线或 5 号线在东单站（F 东北口）下车 | 乘坐公交车 104 路、106 路等在米市大街站下车 **开放情况**→不可游览 **特色古树观赏期**→榆树花期为 3—4 月 **周边景点**→信郡王府（12 株古树）| 中国妇女儿童博物馆 | 史家胡同博物馆 | 法兴寺 | 朱启钤宅

贝子弘昨府

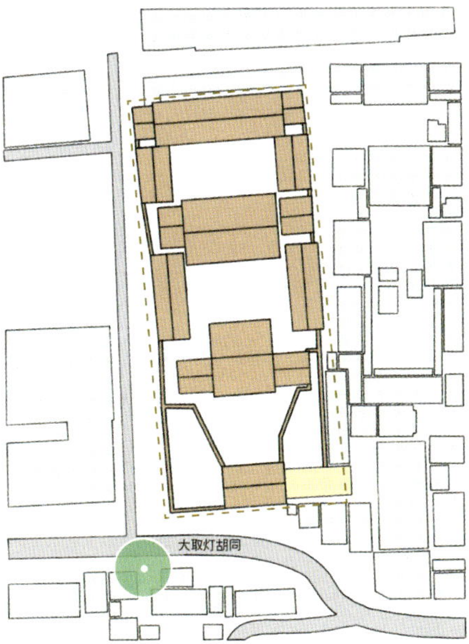

↑贝子弘昨府现状布局示意图

府宅信息

府宅名称　贝子弘昨府
始宅主人　胤祕
现状情况　科学出版社园区
保护级别　区级文物保护单位
地理位置　东城区大取灯胡同9号

古树信息

古树数量　1株（二级古树）
树　　种　槐树
年　　代　清朝

贝子弘昨府位于大取灯胡同9号，这是一组三进院府邸，朱门之外，一株古槐树默默而立，叶生叶落间，见证了关于这座王府的无数历史故事。

贝子弘昨是康熙皇帝之孙，也是这座庭院的第二位主人，他还是一位藏书家、书画家，其家宅富于藏书，建有一藏书楼名“静寄轩”。只是不久之后，由于家道中落，这座宅院被收回，并赏赐给了咸丰时期的荣安固伦公主及荣寿固伦公主。荣寿公主之后，宅院几经易主，抗战时期著名古琴艺术家、道光曾孙溥雪斋先生曾在此居住过。新中国成立后，中国科学院应用物理研究所、编译局曾在此办公，自1988年9月起，这里成为科学出版社园区的一部分。

贝子府历经多位主人，如今只有门前文物保护标志“弘昨”与府门前的槐树昭示着过往的岁月。古槐树枝条纵横交织，犹如张开的手掌，有的向上伸展，仿佛要拥抱蓝天；有的低垂，宛如牵手大地。槐树叶不时在微

贝子弘旿府古槐树仰拍

风中轻舞，黄绿碎花飘落枝头，散发淡淡清香，让过往行人停留注目。这株槐树犹如一位宁静的智者，凝望着如今繁华的胡同，承载着历史的凝重与岁月的悠远。

交通→乘坐地铁 6 号线或 8 号线在南锣鼓巷站（B 东北口）下车 | 乘坐公交车 141 路等在亮果厂站下车 | 乘坐公交车 113 路、115 路等在宽街口东站下车 **开放情况**→古树区域可游览 **特色古树观赏期**→槐树花期为 7—8 月 **周边景点**→志和宅（2 株古树）| 承恩公志钧宅（2 株古树）| 信郡王府（12 株古树）| 77 文创美术馆 | 僧王府 | 玉河公园 | 吴佩孚故居 | 中国美术馆 | 东四美术馆 | 中法大学旧址 | 皇城根遗址公园

承恩公志钧宅

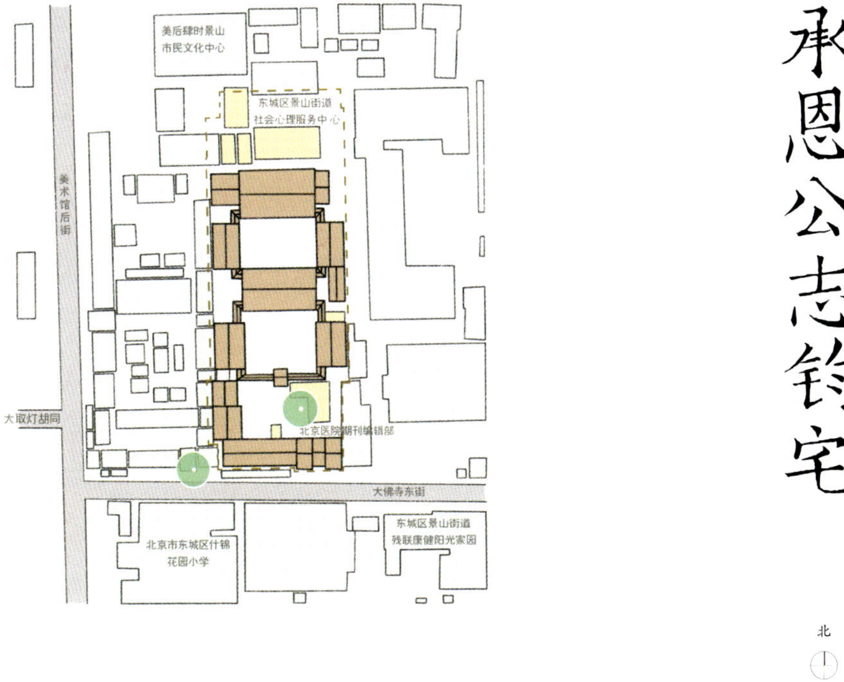

府宅信息

府宅名称　承恩公志钧宅

始宅主人　明瑞

现状情况　北京医院编辑部

保护级别　区级文物保护单位

地理位置　东城区大佛寺东街2／4／6号

古树信息

古树数量　2株（二级古树）

树　　种　槐树

年　　代　清朝

↑ 承恩公志钧宅现状布局示意图

沿大佛寺东街前行，尚未抵达承恩公志钧宅的大门，盎然的绿意已从墙内蔓延出来，宅内一株古槐树伸出枝丫，展示不俗的生命力。古槐沧桑历经百年，遒劲的树枝紧紧依附着墙壁生长，茁壮的树干与茂密的树冠相映成趣。

承恩公志钧宅坐落于大佛寺东街 6 号，原主人是清代名臣富察·傅恒的侄子明瑞，傅恒是孝贤纯皇后之弟，曾官至军机大臣、大学士，家世显赫；明瑞则曾在乾隆朝开疆拓土中屡立战功，被乾隆封为一等诚嘉毅勇公。后来，明瑞的重孙景寿继承了这座宅院，由于景寿成为道光帝第六女寿恩固伦公主的额驸，这里也曾被称为“六额驸府”。几经承袭，景寿之子志钧成为这座宅院的主人，因其被封为“承恩公”，所以这里又称为承恩公志钧宅。

现如今，这里已成为北京医院编辑部所在地，格局保持完好。步入宅园重门，迎面是一块影壁。影壁一侧，一株枝繁叶茂的槐树分外引人注目。这株古槐树龄逾百年，其树冠宛如一把华美的遮阳伞，阳光从叶缝中流露

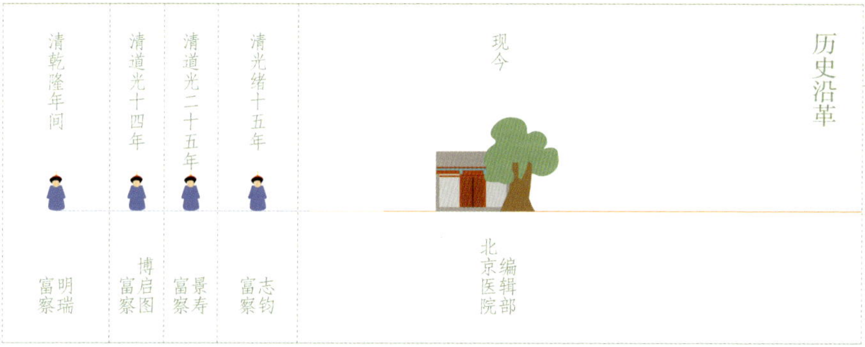

历史沿革
清乾隆年间
富察明瑞
清道光十四年
富察博启图
清道光二十五年
富察景寿
清光绪十五年
富察志钧
现今
北京医院编辑部

承恩公志钧宅内影壁旁的古槐树

出来，细密的光斑为宅园营造出一种神秘而庄重的氛围。

宅园内现存的古树仅有两株槐树，除了园内这一株，另一株紧靠外侧。尽管岁月沧桑，但古树依然盎然生机。每到槐花盛开的季节，两株古槐枝头上一串串细碎的小花开得层层叠叠，雪白的槐花拥着浅黄色的花蕊，每一朵都在努力绽放着自己的魅力，为这座历史悠久的宅院增添了几分生机。

交通→乘坐地铁 6 号线或 8 号线在南锣鼓巷站（B 东北口）下车｜乘坐公交车 141 路等在亮果厂站下车｜乘坐公交车 113 路、115 路等在宽街口东站下车 开放情况→局部可游览 特色古树观赏期→槐树花期为 7—8 月 周边景点→志和宅（2 株古树）｜贝子弘昨府（1 株古树）｜信郡王府（12 株古树）｜77 文创美术馆｜僧王府｜玉河公园｜吴佩孚故居｜中国美术馆｜东四美术馆｜中法大学旧址｜皇城根遗址公园

⑭ 马家花园

马家花园

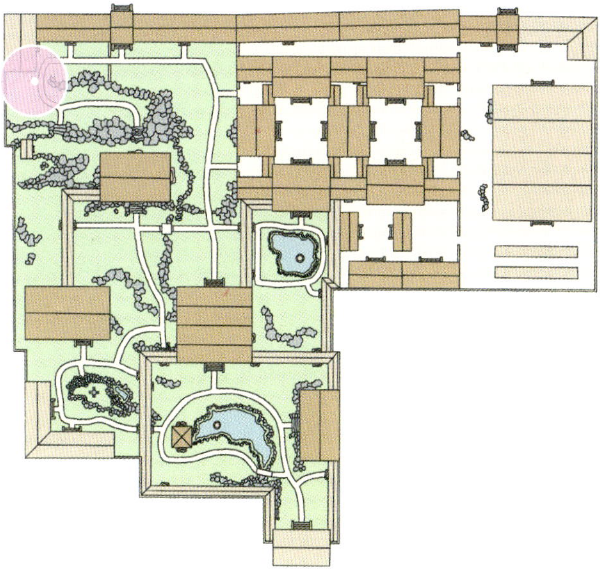

府宅信息

府宅名称　马家花园
始宅主人　马辉堂
现状情况　大杂院
保护级别　区级文物保护单位
地理位置　东城区魏家胡同18号

古树信息

古树数量　1株（二级古树）
树　种　楸树
年　代　清朝

↑
马家花园
民国时期平面图
（改绘自《北京私家园林志》）

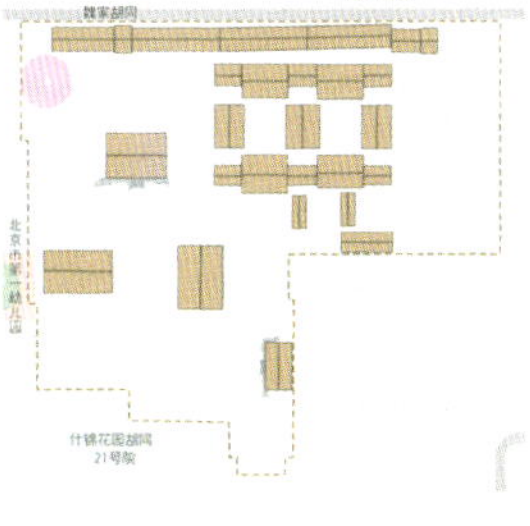

↓
马家花园
现状布局示意图

马家花园，一座位于东城区东四魏家胡同的历史传奇建筑，如今已是一幅日常民居的模样。在花园一角，有一株古楸树倚墙而生，在过去的院落格局中，这是一株一进入花园便可看到的古楸树，如今却在逼仄的角落里，倚靠着墙生长。

宋代训诂书《埤雅》中描述："楸，美木也，茎干乔耸凌云，高华可爱。"马家花园里的这株古楸树树干粗壮，小片皲裂的树皮如同大象皮肤纹理。明清时期，楸树一般被选种在庭院园林中、庙宇殿堂前，如故宫、颐和园、北海公园、大觉寺等地都有百年以上的古楸树。

总体而言，古楸树在京城并不多见，每一株都有独一无二的故事，这株古树也不例外，它以其独特的生长姿态，向世人告知着它所在的这栋宅院的历史。据记载，马家花园的主人是同治年间的马辉堂先生，马氏家族在明清两代以营造技艺闻名，被誉为"哲匠世家"。马家世代为皇家建筑和王公府邸的营造者，京城中处处可见他们建造的园林和寺院，颐和园等大量皇家建筑均出自他们之手。他们还主持维修了许多坛、庙、寺、观和陵寝，声名远播。

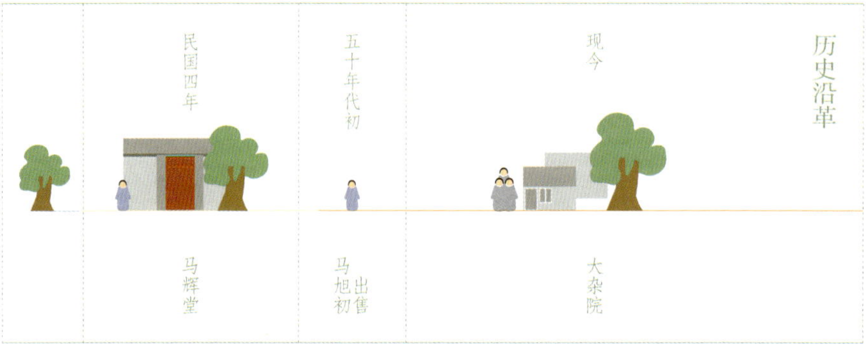

马家花园的前身原为一戏园，民国初年失火烧毁后，马家第十二代传人马辉堂购买了这片废墟，并利用修建颐和园剩余的木料，历时三年，于 1915 年兴建了这座宅园。凭借其精致独特的山池景色，马家花园在上层社会中声名鹊起。

如今这座曾让世人震撼的庭院宅园建筑已所剩无几，经过岁月洗礼，这里充满着日常和琐碎的气息。那株春华秋实的古楸，像是历史留给人们的线索，四月末、五月初，桃花、李花、海棠花纷纷凋零，高大的古楸树却在此时静静地绽放出美丽的花朵。这番景象成了马家花园留给世人的珍贵记忆。

马家花园古楸树花

马家花园古楸树（插画）

交通→乘坐地铁 6 号线或 8 号线在南锣鼓巷站（B 东北口）下车 | 乘坐地铁 5 号线在张自忠路站（D 西南口）下车 | 乘坐公交车 113 路、115 路等在宽街口东站下车 **开放情况**→局部可游览 **特色古树观赏期**→楸树花期为 5—6 月 **周边景点**→志和宅（2 株古树）| 谟贝子府（3 株古树）| 固山贝子弘昽府（2 株古树）| 崇礼住宅（3 株古树）| 承恩公志钧宅（2 株古树）| 欧阳予倩故居 | 吴佩孚故居 | 叶圣陶故居 | 和敬公主府

西城区古树

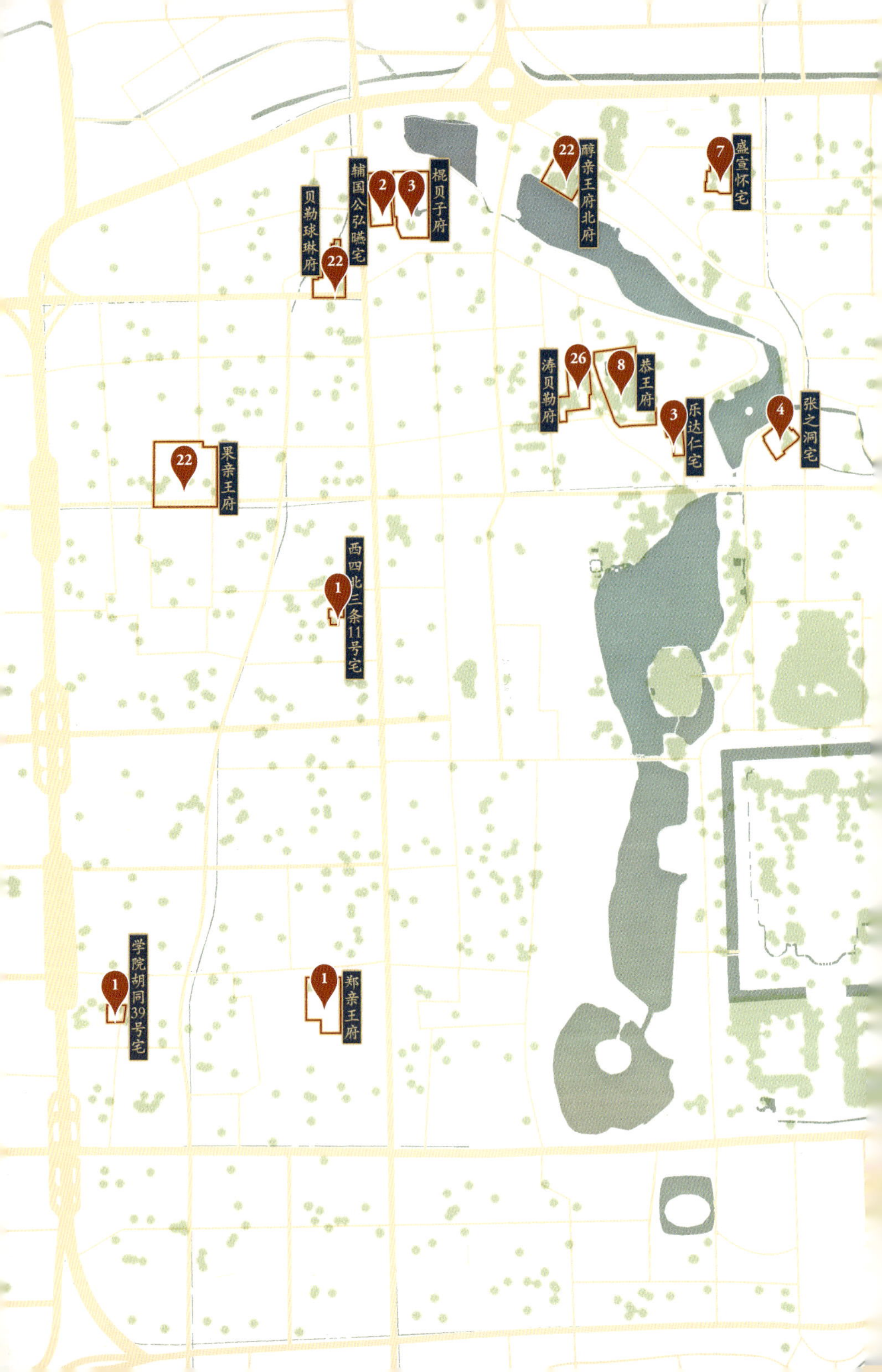

辅国公弘晸宅
棍贝子府
贝勒球琳府
醇亲王府北府
盛宣怀宅
涛贝勒府
恭王府
乐达仁宅
张之洞宅
果亲王府
西四北三条11号宅
学院胡同39号宅
郑亲王府

西城区

在北京西城区什刹海沿线与大大小小的胡同之中，分布着诸多清朝王府与私人宅院。它们是北京作为清代政治、文化中心所遗留下来的重要物质文化遗存之一。漫步于西城区这 13 处宅邸园林，有的仍维持着曾经的形制格局，有的湮灭于历史尘烟中，踪迹难觅。好在，古籍不曾记载的往事，还有古树的年轮替我们铭记。

在宅园的历史变迁中，恭王府矫若游龙、苍劲欲飞的龙爪槐，醇亲王府北府“枝间新绿一重重，小蕾深藏数点红”的两株西府海棠，乐达仁宅内遍撒金叶的古银杏……一株株古树饱经风霜仍枝繁叶茂。它们是光阴的见证者，目睹了几百年的斗转星移、世事变换，叶生叶落间，仿佛向来往之人讲述着光阴封存的悠悠往事。

恭王府

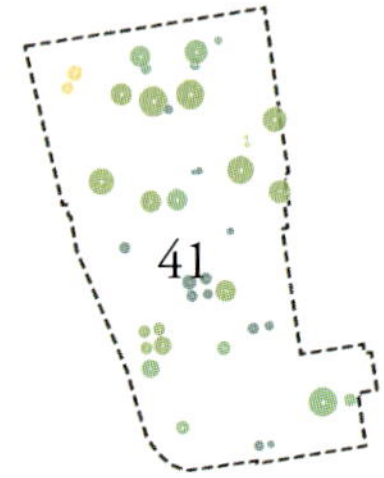

辅国公弘曣宅

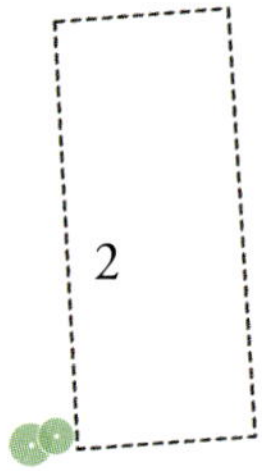

醇亲王府北府

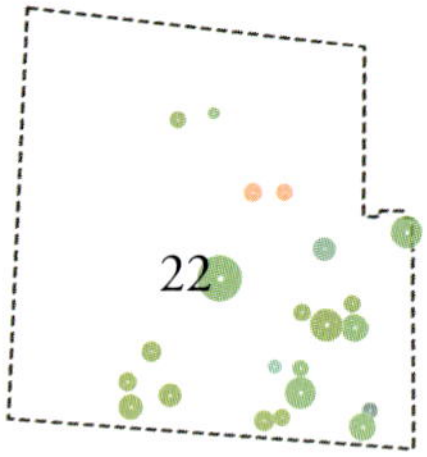

乐达仁宅

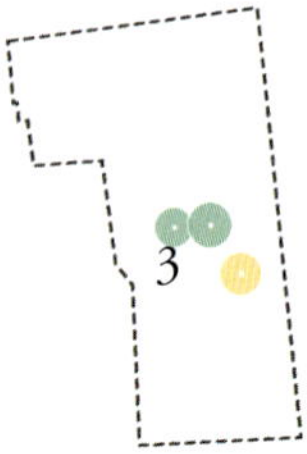

棍贝子府

盛宣怀宅

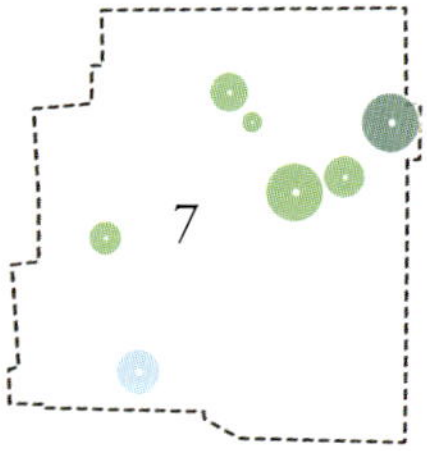

涛贝勒府

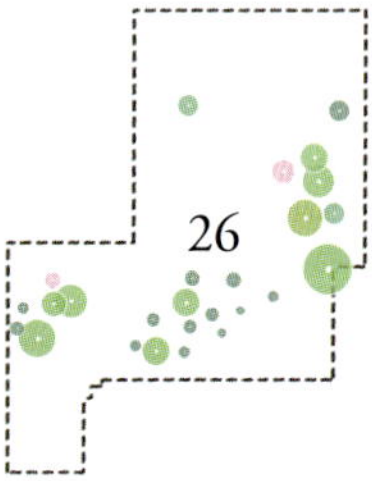

张之洞宅

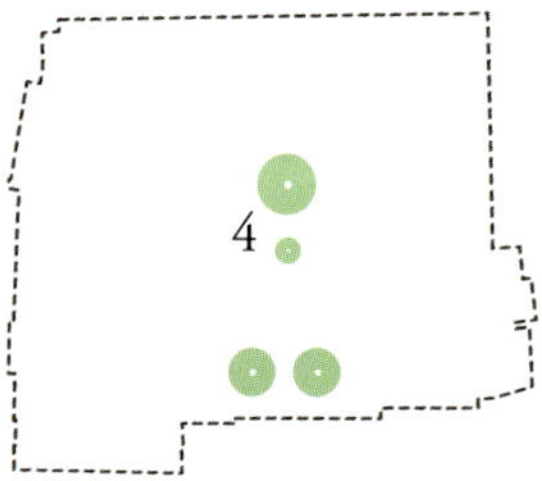

贝勒球琳府

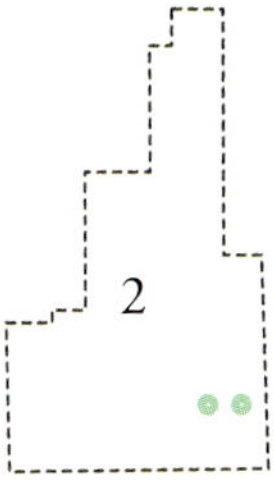

学院胡同39号宅

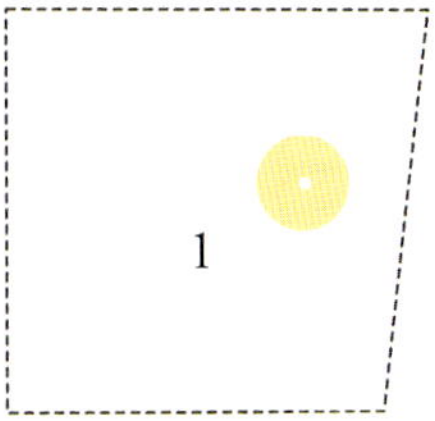

果亲王府

西四北三条11号宅

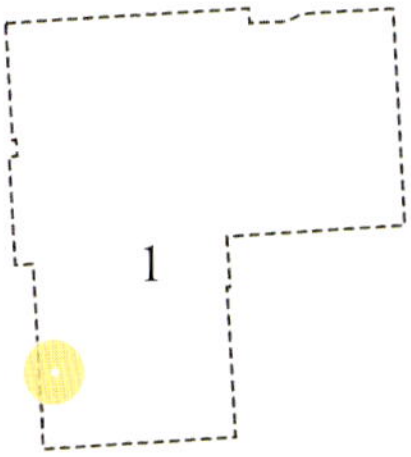

郑亲王府

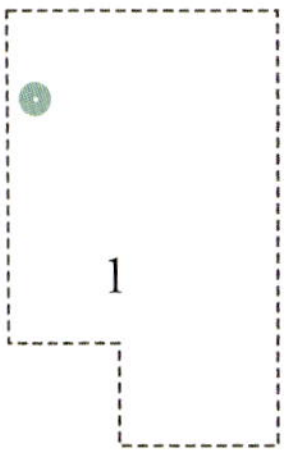

恭王府

北

府宅信息

府宅名称　恭王府

始宅主人　和珅

现状情况　恭王府博物馆

保护级别　国家级重点文物保护单位

地理位置　西城区什刹海街道柳荫街甲14号

古树信息

古树数量　41株（一级古树1株，二级古树40株）

树　种　圆柏、侧柏、槐树、榆树、龙爪槐、银杏

年　代　清朝

↑ 恭王府
现状布局示意图

恭王府，始建于乾隆四十五年（1780年），是清代规模最大的王府，它见证了从乾隆至宣统七代皇帝的更替。恭王府的花园占地面积超过王府的一半，是我国北方现存面积最大的王府花园。园内古木参天，山石之上、水池边缘，皆可见古树生长。

古树生长的脉络犹如王府变迁的细密注脚。恭王府的第一任主人是乾隆皇帝的宠臣和珅，和珅被抄家后，乾隆第十七子庆郡王永璘入住。咸丰年间，这座府邸被赐予恭亲王奕䜣，从而被后世称为“恭王府”。两百多年间，恭王府几易其主，留下许多文物和古树，中国历史地理学家侯仁之曾评价：“一座恭王府，半部清代史。”可见其珍贵。

恭王府中现存41株古树，包括圆柏、银杏、槐树、枣树和榆树等。这些古树的分布与场所的功能密切相关，如嘉乐堂为王府的祭祀场所，所以多种植银杏、柏树等；正殿为了彰显庄严肃穆，则多有柏树和槐树；以待客为用的多福轩，有柏树与紫藤搭配，风姿绰约，相得益彰。

恭王府嘉乐堂古银杏夏景

恭王府嘉乐堂古银杏秋景

■ 恭王府湖心亭古榆树

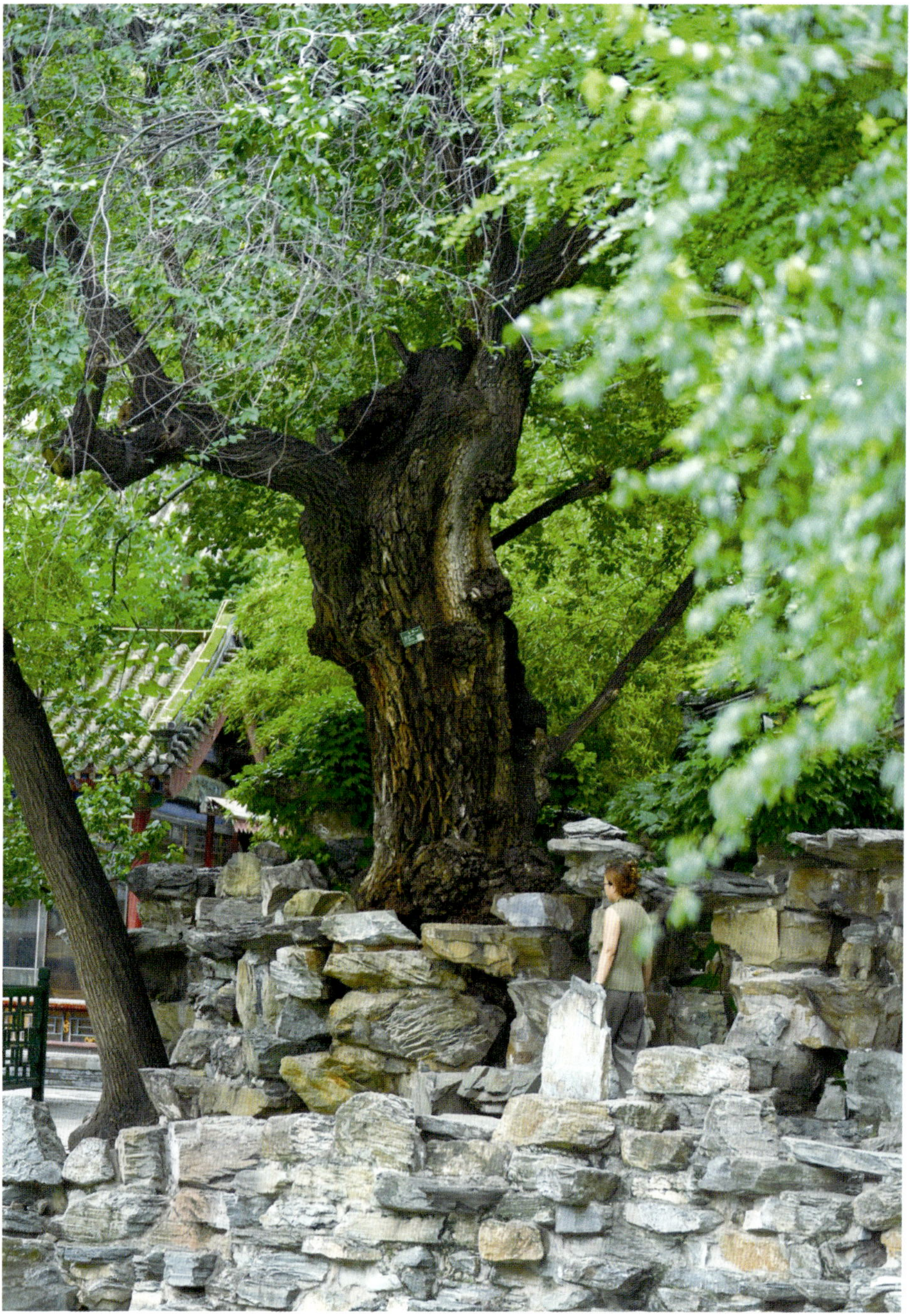

■ 湖西南侧假山石上的古榆树

恭王府沁秋亭东侧古龙爪槐（插画）

其中种植最多的要数榆树，共 13 株。榆，与“年年有余”的“余”同音，其果实形似钱币，故名“榆钱”，因而榆树有着富贵有余的寓意。陆游《雨夜书感》有云：“宦游四十年，归逐桑榆暖。”表达了诗人为官四十年，希望晚年生活美好顺遂的愿望。院内遍植的榆树，与在官场沉浮的恭亲王的一生形成了鲜明的对照。

交通→乘地铁 6 号线在北海北站（B 东北口）下车｜乘坐公交车 107 路、111 路等在北海北门站下车 **开放情况**→可购票游览 **特色古树观赏期**→榆树花期为 3—4 月｜槐树花期为 7—8 月｜银杏为 10 月中下旬—11 月中下旬观叶观果｜龙爪槐花期为 7—8 月｜枣树花期为 5—7 月，果期为 8—9 月 **周边景点**→乐达仁宅（3 株古树）｜涛贝勒府（26 株古树）｜净海寺｜梅兰芳纪念馆｜什刹海周边

图为晚清时期恭王府邀月台，出自《西洋镜·中国园林》。照片中左侧假山石上的榆树如今已十分粗壮。

恭亲王奕䜣像

■ 如今恭王府邀月台附近假山石上的古榆树

② 醇亲王府北府

醇亲王府北府

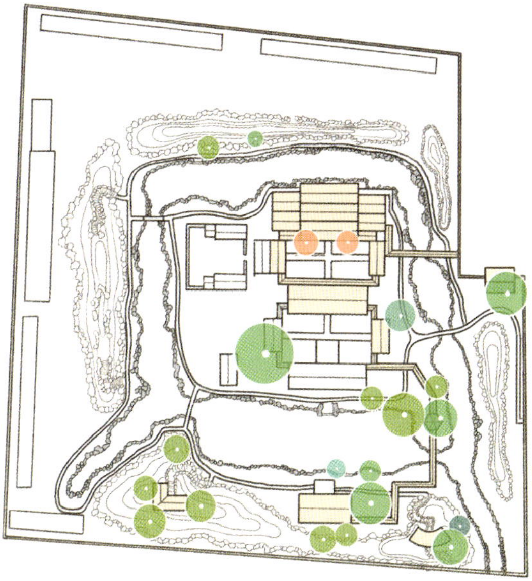

府宅信息

府宅名称　醇亲王府北府
始宅主人　纳兰明珠
现状情况　宋庆龄故居
保护级别　国家级重点文物保护单位
地理位置　西城区后海北沿44号

古树信息

古树数量　22株（二级古树）
树　　种　圆柏、侧柏、西府海棠、榆树、槐树、卫矛
年　　代　清朝

↑ 醇亲王府北府乾隆时期平面图（改绘自《北京私家园林志》）

↓ 醇亲王府北府现状布局示意图

醇亲王府北府位于西城区后海北沿，最早是清朝康熙重臣、大学士纳兰明珠的宅第，后归属醇亲王奕譞。据说奕譞原先的王府在西城区太平湖东里，为作区别，将后海北沿的府邸称为北府。北府的花园是一处幽静别致的庭院，其中生长着22株古树，有些历史可追溯至王府始建时，也有部分是民国时期栽植的。

这些古树伫立于花园的各个角落，为整个府邸增添了古老而庄重的气息。静谧的园中，畅襟斋大门两侧，两株高大的西府海棠在微风中轻轻晃动树枝。这两株古树已生长百余年，每年四月海棠花开，粉红色的花瓣如云似霞，它们还与宋庆龄同志有着一段不解的缘分。

1963年，醇亲王府北府被辟作宋庆龄同志的住所，她在此工作与生活，常常与友人漫步于花园中，春赏古树繁花，夏季用海棠果实制作成果酱品尝，代表着美好温和的海棠花，也把美好带给了欣赏它们的人。

宋庆龄故居中，还有一株槐树，这株古槐约有300年的树龄，其西面树干昂首向天，东面树枝匍匐于地，形似欲飞的凤凰，因此，宋庆龄还为它取名“凤凰槐树”，赋予古树昂扬的诗意和韵味。

畅襟斋院落内的两株西府海棠

古树不仅是历经时间的草木，更是历史、文化以及精神的象征。每逢夏季，从波光粼粼的什刹海往北看去，这座绿树成荫的府邸园林，氤氲着历史的厚重和古树的庄重，一圈圈水波纹与古树年轮遥相呼应，淡淡地从时代的波浪中晕开去了。

交通→乘坐地铁 2 号线在鼓楼大街站（G 东南口）下车 | 乘坐公交车 135 路、5 路等在果子市站下车 | 乘坐公交车 55 路、专 31 路在德胜门内站下车 开放情况→可购票游览 现状利用情况→宋庆龄故居 特色古树观赏期→西府海棠花期为 2—5 月 | 榆树花期为 3—4 月 | 槐树花期为 7—8 月 | 卫矛花期为 5—6 月，果期为 7—10 月 周边景点→棍贝子府（3 株古树）| 盛宣怀宅（8 株古树）| 什刹海周边

■ 南楼前的“明开夜合树”（卫矛）

■ 宋庆龄故居中部大草坪的凤凰槐

■　凤凰槐局部照

醇亲王奕譞像

图为晚清时期醇亲王北府花园的长廊，出自《西洋镜·中国园林》。照片中长廊两侧的古树现已十分粗壮。

棍贝子府

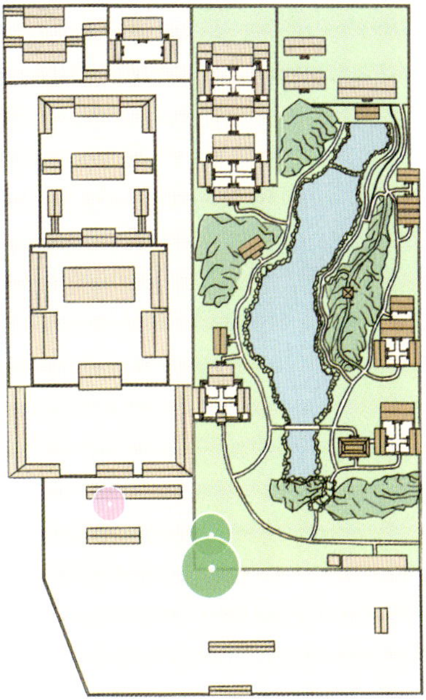

北

府宅信息

府宅名称　棍贝子府
始宅主人　胤祉
现状情况　北京积水潭医院
保护级别　区级文物保护单位
地理位置　西城区新街口东街31号

古树信息

古树数量　3株（二级古树）
树　　种　槐树、楸树
年　　代　清朝

↑ 棍贝子府明末清初复原平面图（改绘自《北京私家园林志》）

↓ 棍贝子府现状布局示意图

棍贝子府位于西城区新街口东街北侧，历史上这座府宅花园的规模和景色在京城所有王府花园中数一数二，但 1941 年的一场火灾，摧毁了美丽的王府花园，仅剩部分建筑、古树及花园中的水池、假山留存至今。

昔日美景虽不在，但两株树龄约百年的古槐树依旧巍然立于其间，它们高大茂密，形成一片浓郁的绿荫，为来往的人们带来片刻清凉。此外，一株生机勃勃的古楸树也守护着曾经的府园，它挺拔如初，花开时烂漫，以四季不同的姿态见证着时光的流转。

清朝时，这里为诚亲王新府；嘉庆年间，被赐予仁宗四女庄静公主，称为四公主府；光绪六年（1880 年），庄静公主重孙棍布扎布成为此府的末代府主。1956 年，政府在昔日的王府旧址上建成了积水潭医院，曾经尊贵神秘的王府摇身一变成了救死扶伤的场所。半个世纪过去，坐拥一泓碧水的积水潭，已发展成为以骨科和烧伤科闻名的三甲医院。

现今的积水潭医院门诊楼周围，生长着许多槐树和柳树，高大茂密的树林围合出一处世外桃源。从门诊楼漫

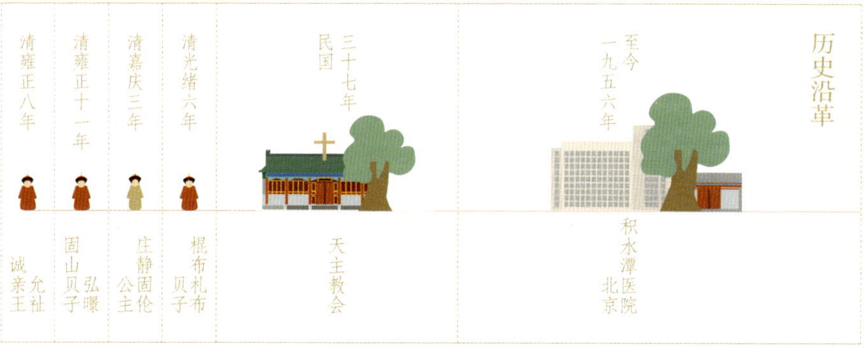

门诊楼前的两株古槐

棍贝子府遗存的水池和花园

步至住院部，一片池塘映入眼帘，豁然开朗，洲渚、土山、古树环水而立，小径穿梭其间，绿意盎然。这些百年前栽种的花木，如今已成为病人们的精神慰藉，为他们带来生机勃勃的希望。

交通 → 乘坐地铁 4 号线在新街口站（B 东北口）下车 | 乘坐地铁 2 号线在积水潭站（D 西南口）下车 | 乘坐公交车 105 路、111 路在新街口西站下车 开放情况 → 古树区域可游览 特色古树观赏期 → 楸树花期为 5—6 月 | 槐树花期为 7—8 月 周边景点 → 醇亲王府北府（22 株古树）| 辅国公弘曣宅（2 株古树）| 贝勒球琳府（2 株古树）| 徐悲鸿纪念馆 | 新街口城市森林公园 | 什刹海周边

涛贝勒府

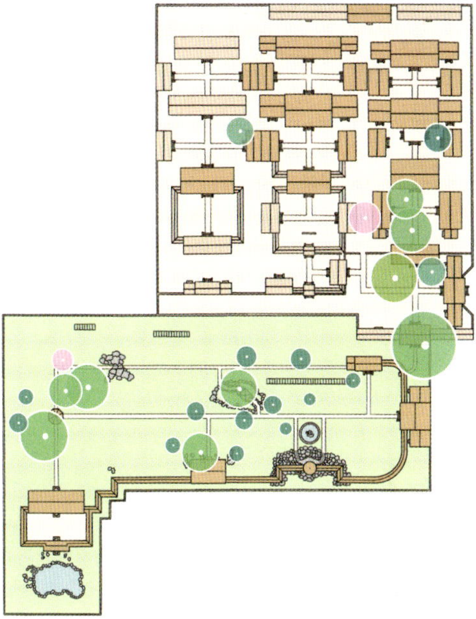

北

府宅信息

府宅名称　涛贝勒府

始宅主人　胤禑

现状情况　北京第十三中学、北京师范大学

保护级别　市级文物保护单位

地理位置　西城区柳荫街27号

古树信息

古树数量　26株（二级古树）

树　　种　槐树、榆树、楸树、圆柏、侧柏

年　　代　清朝

↑ 涛贝勒府民国时期平面图（改绘自《北京私家园林志》）

↓ 涛贝勒府现状布局示意图

位于西城区柳荫街27号的涛贝勒府，最早是一座郡王府，为康熙帝第十五子愉郡王胤禑的府邸，踏入其中，一种庄重肃穆的氛围立即涌现。原涛贝勒府包括府邸与花园两部分，府门三间，坐落在东路的东南角，东路为主要殿堂所在地，殿前槐树、榆树、竹林环绕，湖石零星散布。

涛贝勒府历经康熙、雍正、乾隆、嘉庆、道光、咸丰、同治七朝共160多年，曾是愉郡王府。后由载滢、载涛两贝勒相继承袭钟王嗣居住于此，自此，这里被称为涛贝勒府。民国年间，这座府园被辅仁大学收购，现分为两个部分，府邸属北京市第十三中学，花园属北京师范大学（西城校区），分布于其中的26株古树陪伴着莘莘学子逐渐成长。

涛贝勒府中的古树枝繁叶茂，树冠相连，形成一道遮阳的连廊。古槐以一种沧桑遒劲的姿态，迎来送往，见

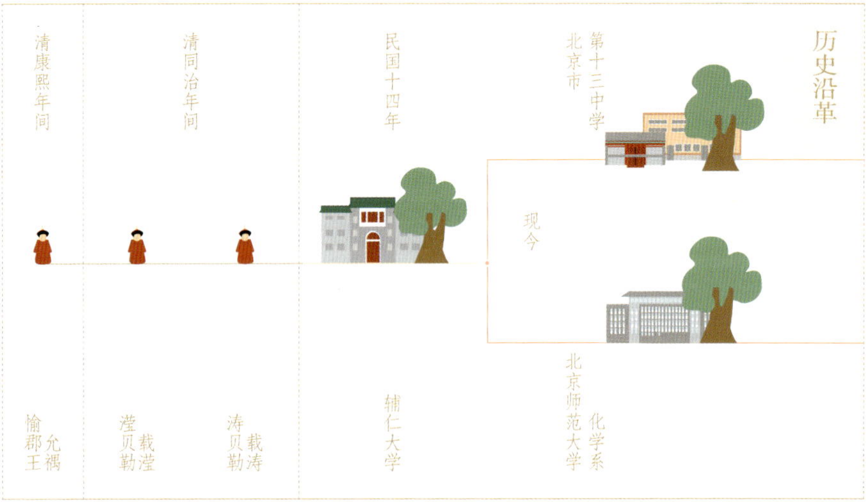

图为晚清时期涛贝勒府的府门，出自《西洋镜·中国园林》。照片中的门前的石狮子已移入院内。

■ 涛贝勒府原府门前的石狮子与古树

涛贝勒府院落中的古树

证百年间由王府到贝勒府的光阴变迁。远观之，槐树高大的枝杈在天空中交织缠绕，宛如争相竞高。府内还种植有榆树和圆柏，榆树象征吉祥富贵，在清代王府中颇受欢迎；圆柏则象征着高贵威严，古人常将柏树与松树并称（圆柏也被称为桧柏），《诗经》云：“淇水滺滺，桧楫松舟。”王府中的各类古树挺拔耸立，历经岁月洗礼，姿态韵味十足。

交通→乘坐地铁6号线在北海北站（B东北口）下车丨乘坐公交车107路、111路等在东官房站下车 **开放情况**→不可游览 **特色古树观赏期**→榆树花期为3—4月丨楸树花期为5—6月丨槐树花期为7—8月 **周边景点**→恭王府（41株古树）丨乐达仁宅（3株古树）丨北京蔡锷故居丨梅兰芳纪念馆丨什刹海周边丨北海公园

辅国公弘曣宅

府宅信息

府宅名称	辅国公弘曣宅
始宅主人	弘曣
现状情况	北京科学教育电影制片厂
保护级别	无
地理位置	西城区新街口北大街74号

古树信息

古树数量	2株（二级古树）
树　　种	槐树
年　　代	清朝

↑ 辅国公弘曣宅现状布局示意图

西城区什刹海沿岸，分布着诸多清代王公府邸，其中，西海畔有一个辅国公弘曣宅，与固山贝子弘景府邸毗邻。如今这里是北京科学教育电影制片厂，曾经的辅国公弘曣宅邸已难觅踪迹，但门口挺立着两株沧桑的古槐树，仍能指引我们找到曾经宅园的位置，回溯往事云烟。

爱新觉罗·弘曣，康熙第二子胤礽的第六子，在雍正六年受封为辅国公。尽管生于皇室，弘曣却从未参与到残酷的政治斗争中，而是成了一名书画家。后来，这座宅园的主人变为庄静公主和玛呢巴达喇之子德勒克色楞——德贝勒，因此这里也被称为“德贝勒府”。

府宅大致为两进院落，坐北朝南。府门前两株古槐树仿佛守护宅院的卫士，古树树冠虽不大，但枝繁叶茂，融于周围的街景之中。树冠处，两株古槐间的虬枝默契地交织，仿佛在相互依偎，其他方向的虬枝则在天空中舒展枝条，无拘无束地生长着。

原主人公弘曣喜诗文，能作画，或许他也曾驻足于此，细细品味两株槐树的韵味，并以此为灵感，在园中吟诗作画，享受四时美景。这两株古槐曾与众多名贵花

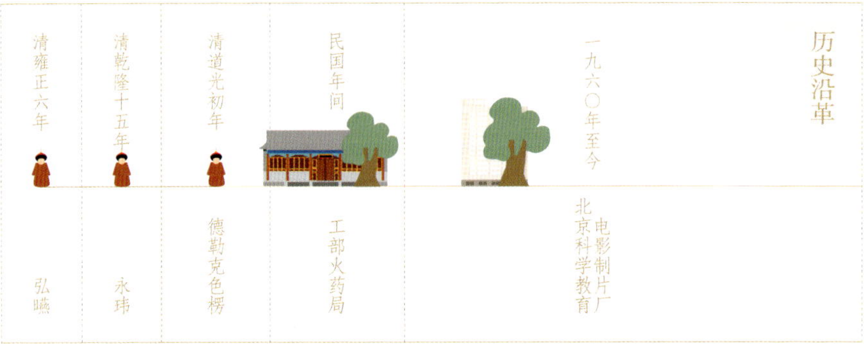

历史沿革
清雍正六年
弘曣
清乾隆十五年
永玮
清道光初年
德勒克色楞
民国年间
工部火药局
一九六〇年至今
北京科学教育电影制片厂

辅国公弘曣宅古槐树（插画）

木为伴，如今在街道侧畔，沧海变桑田，已不复当年的模样。

交通→乘坐地铁 4 号线在新街口站（B 东北口）下车 | 乘坐公交车 143 路、22 路等在新街口北站下车 **开放情况**→古树区域可游览 **特色古树观赏期**→槐树花期为 7—8 月 **周边景点**→贝勒球琳府（2 株古树）| 棍贝子府（3 株古树）| 新街口城市森林公园 | 徐悲鸿纪念馆 | 什刹海周边

乐达仁宅

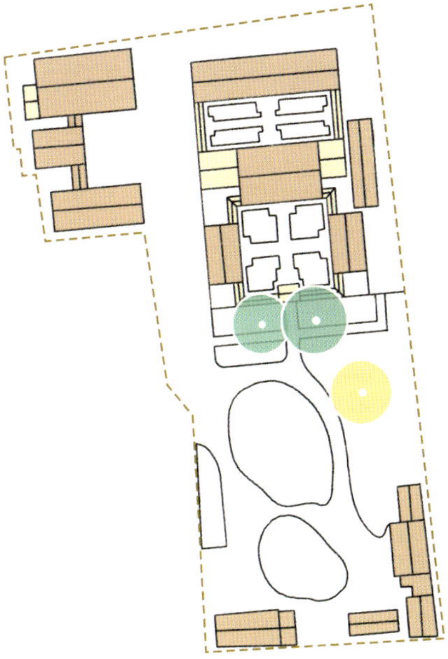

府宅信息

府宅名称　乐达仁宅
始宅主人　乐达仁
现状情况　郭沫若故居
保护级别　无
地理位置　西城区前海西街18号

古树信息

古树数量　3株（一级古树1株，二级古树1株，名木1株）
树　　种　侧柏、银杏
年　　代　清朝

↑乐达仁宅现状布局示意图

郭沫若纪念馆位于西城区前海西街，东临什刹海前海，朱漆大门后的宅院，便是郭沫若先生晚年生活了15年的温馨之地。踏进大门，舒适怡人的花园景致便映入眼帘，沿着步道前行，一株古银杏树惹人注目。走在树下的小路上，依稀可以感受到弥漫其中的文人气息。

在郭沫若居住于此之前，这里曾是清代恭王府的组成部分，民国初年，乐氏达仁堂将此地购买，修建成了中西结合的宅院。新中国成立后，这里先后被用作蒙古国驻华大使馆馆舍和宋庆龄同志的住所。1963年，郭沫若从西四大院胡同5号迁入此地，直到1978年6月病逝。

每逢秋季，院落之中的古银杏都可以将此地渲染成一幅独特的风景画。古银杏高约25米，枝条茂密丰盛，宛如一把巨型伞盖，为纪念馆门前增添了一抹亮丽的秋色。当秋风拂过，银杏叶如金箔般铺满一地，令人心醉。如今，这株古银杏已成为郭沫若纪念馆的象征之一。

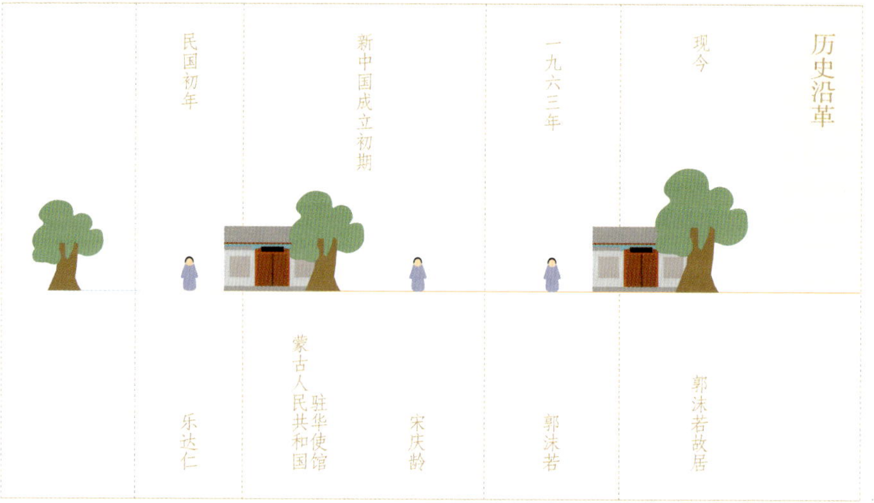

■ 院内的古侧柏

据记载，郭沫若的夫人于立群某次身患重病，不得不辞别驻守北京的郭沫若及六个年幼的子女孤身去长沙治疗，为寄托思念，郭沫若带着孩子们前往大觉寺的西郊林场选了一株银杏树苗移栽回自家院落并取名“妈妈树”。郭沫若盼望着妻子能像不屈的银杏一样，战胜病魔，早日回到北京。期盼没有落空，随着“妈妈树”的一点点长大，夫人的身体也有了明显好转。

古树与古建筑，仿若相伴相生的伙伴，它们的身上，承载着悠久的历史和绵长的意蕴。建筑门前，还有两株古柏树，它们相对而生，古老而庄重，高大挺拔，枝叶繁茂，如同两位智者，散发着沉静和智慧的气息。

作为我国现当代文学大家，郭沫若以激情澎湃且具有思辨意识的诗歌名扬文坛。在曾经居住的地方，他与古树为伴，和家人一起享受着闹中取静的生活，在树下聊天、写作、品茶、进餐，度过了一段惬意的时光。

古银杏树下的郭沫若雕像

郭沫若故居“妈妈树”局部秋叶

交通→乘坐地铁6号线在北海北站（B东北口）下车 | 乘坐公交车107路、111路等在北海北门站下车 开放情况→可购票游览 特色古树观赏期→银杏为10月中下旬—11月中下旬观叶观果 周边景点→恭王府（41株古树） | 涛贝勒府（26株古树） | 北海公园

⑦ 盛宣怀宅

盛宣怀宅

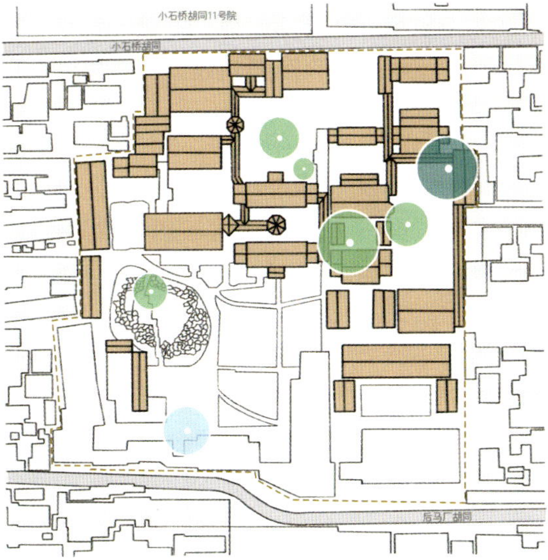

北

↑ 盛宣怀宅 现状布局示意图

府宅信息

府宅名称　盛宣怀宅

始宅主人　盛宣怀

现状情况　文化和旅游部幼儿园、竹园宾馆

保护级别　无

地理位置　西城区旧鼓楼大街小石桥胡同24号

古树信息

古树数量　7株（一级古树2株，二级古树5株）

树　　种　白皮松、圆柏、槐树

年　　代　清朝

在离鼓楼大街地铁站不远的小石桥胡同东口，有一座中式牌楼，是一座中国古典庭院式建筑，匾额上镌刻着“竹园”二字，这里是 1982 年成立的竹园宾馆。院落东部为住宅，西部为花园，园内分布着八株古树，其中包括树龄超过 300 年的一株古槐和一株古柏，它们在园区建立之前就已经屹立在此，其余几株则是建园时所栽种。

此地历史上是洋务运动核心人物盛宣怀的私人宅邸，也有传言称其曾是太监安德海的花园。自清末以来，先后汪精卫伪政权华北政务委员的王荫泰、国民党军统北平站站长马汉三、董必武和康生等都曾在此居住。

竹园宾馆以其独特的古典建筑风格和优雅的庭院景致赢得了人们的赞誉。漫步竹园北门，映入眼帘的是两株古槐和一株古柏。古槐树枝横生，造型别致，与假山相映成趣，颇具古典山水画的意境。在宅园的东部，两株古槐高大粗壮，其中一株树身微微倾斜，仿佛在向游

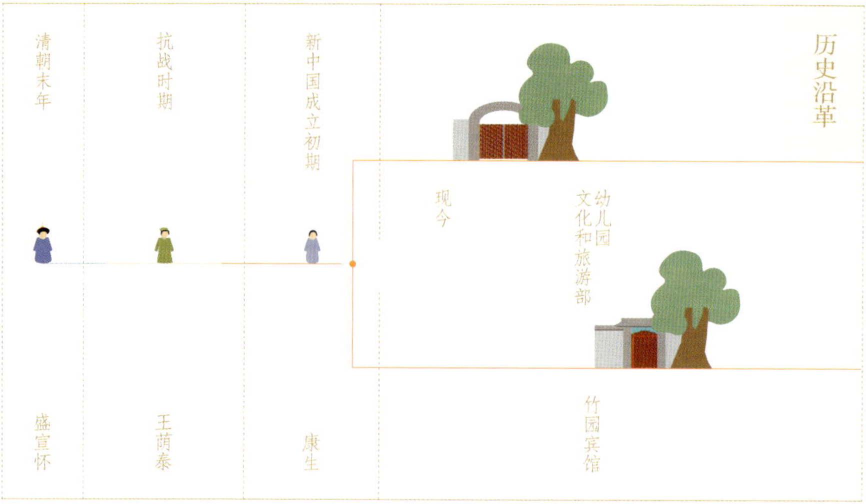

■ 盛宣怀宅的古白皮松

■ 盛宣怀宅年逾三百年的古圆柏

盛宣怀宅的古槐树局部

客欠身致意。而园中树龄最长的古槐位于西部花园，其茂盛的枝叶犹如华盖，为这座清代的宅院提供了庇荫。

竹园宾馆在很大程度上保留了盛宣怀宅的昔日风貌，古典意趣充盈在建筑与花木之间。尽管这里已改为开放使用的宾馆，但仍保持着幽静、舒适、明亮和雅致的环境，成为小石桥胡同中一处低调的园林胜景。

交通→乘坐地铁2号线在鼓楼大街站（G东南口）下车 | 坐公交车1路、25路等在鼓楼北站下车 | 坐公交车27路、206路等在六铺炕站下车 **开放情况**→不可游览 **特色古树观赏期**→槐树花期为7—8月 **周边景点**→鼓楼 | 醇亲王府北府（22株古树） | 北滨河公园

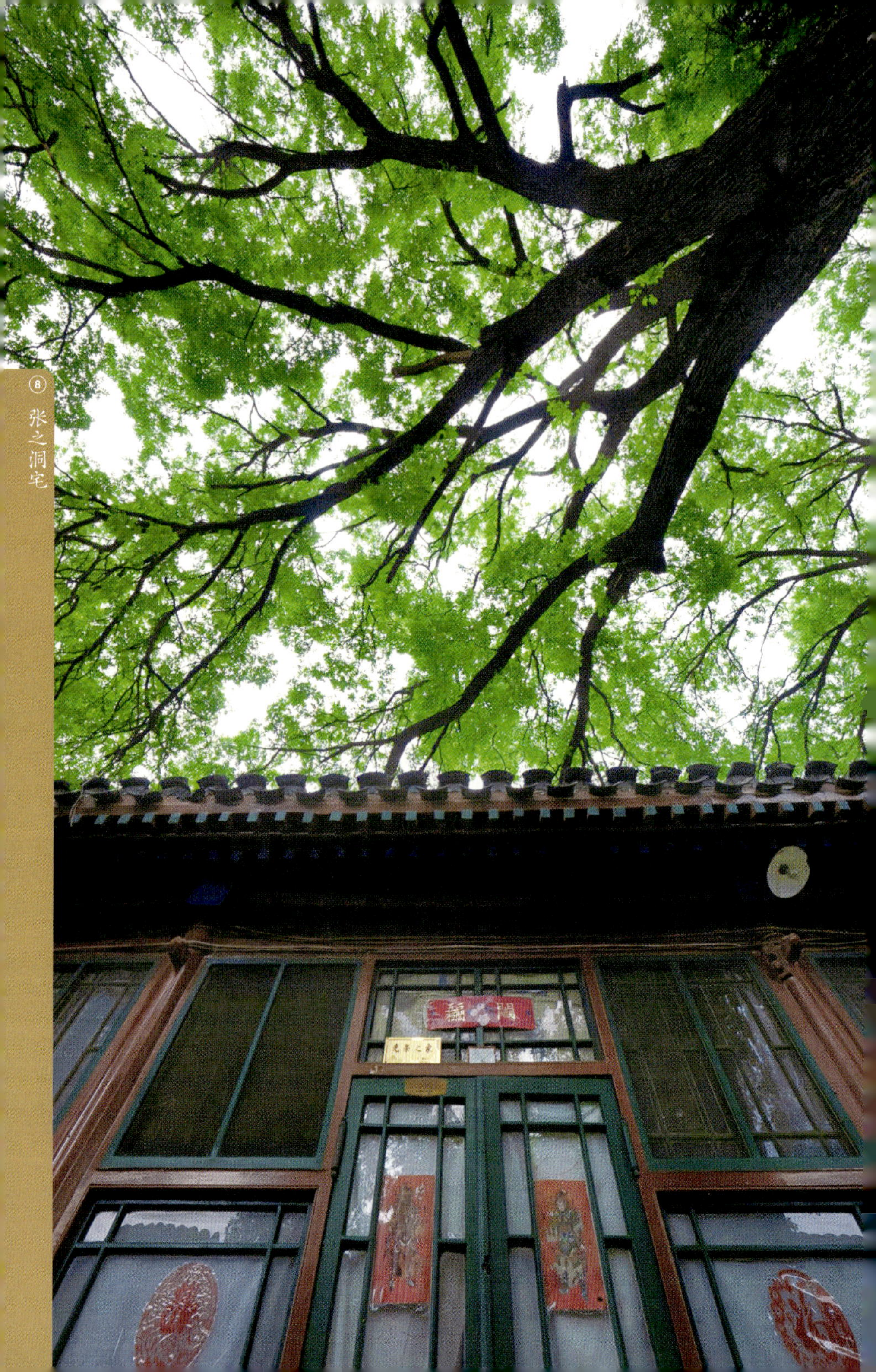

张之洞宅

北

↑ 张之洞宅现状布局示意图

府宅信息

府宅名称　张之洞宅

始宅主人　张之洞

现状情况　大杂院

保护级别　无

地理位置　西城区白米斜街7—11号

古树信息

古树数量　4株（二级古树）

树　　种　槐树

年　　代　清朝

西城区白米斜街是一条不起眼的小街，这里藏着清代名臣张之洞的宅邸。光绪三十三年 (1907 年)，年逾古稀的张之洞遵照皇命进京，担任军机大臣和体仁阁大学士，并选址于此安家。走进胡同，隔着很远就能望见张之洞宅中一株高大槐树的身影。如今的宅园面貌驳杂，只有园中的古树仍能揭示其往日的风采。

据说，张之洞在这里度过了他人生中最后两年的时光。他曾对这座宅园赞不绝口，称赞其为“最胜桥东第一宅，青衣拔关出延客。露香满室冰纱空，绿窗交锁生颜色”。如此美景得益于宅园最北端临水的楼房，向北可以欣赏什刹海的荷花绿柳，向南则可远眺地安门一带的繁华景象。

此后，国学大师冯友兰以及闻一多、张岱年、李霁野等名人都曾在此居住。新中国成立后，这里还曾作为交通部机关宿舍使用。唐山大地震后，故居西路的庭院中搭建了许多临时帐篷。随着时间的推移，这些帐篷逐渐改建为砖瓦房，形成了现今的格局。

宅园之中共有三株古树，均为槐树，其中两株分布在园门两侧，另一株位于院内。古槐树树干粗壮，树枝直指天空，形成了庞大的树冠，给人宁静与厚重的感觉。

在狭窄的胡同空间中，这些槐树茁壮成长，树叶随着风的吹动簌簌作响，为人们日常的生活平添一份自然之趣。

繁茂古槐出墙来

交通→乘坐地铁 6 号线在北海北站（B 口）下车 | 坐公交车 124 路、60 路等在地安门外站下车 开放情况→不可游览 特色古树观赏期→槐树花期为 7—8 月 周边景点→婉容故居 | 北海公园 | 什刹海周边 | 通惠河玉河遗址

■　张之洞宅古槐树花

■ 如今的宅院屋檐与古槐

贝勒球琳府

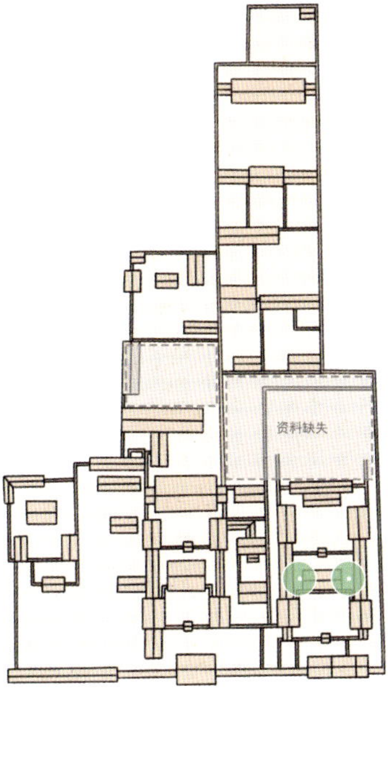

府宅信息

府宅名称　贝勒球琳府
始宅主人　博翁果诺
现状情况　待建地
保护级别　无
地理位置　西城区西直门内大街43号

古树信息

古树数量　2株（二级古树）
树　　种　槐树
年　　代　清朝

↑ 贝勒球琳府乾隆时期平面图（改绘自《乾隆京城全图》）

↓ 贝勒球琳府现状布局示意图

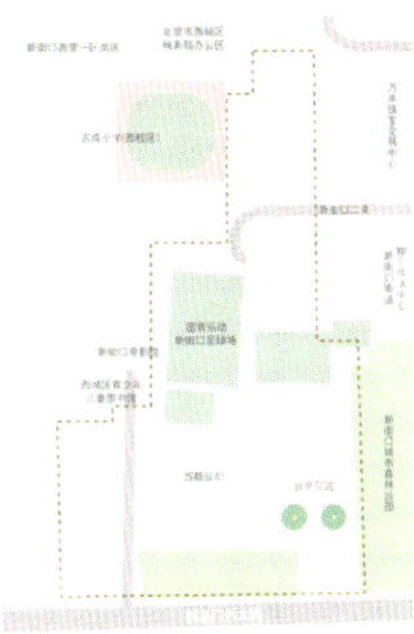

在繁华的西直门内大街北侧，一处昔日王府已难觅踪影。据《乾隆京城全图》记载，此处曾为贝勒球琳府。两株古槐树分立于院落的两侧，一株约 130 年，一株约 200 年。它们用自己百年的风霜岁月，见证着一座清王府由盛及衰的历史。

这座府邸本是惠郡王府，其首位郡王是博翁果诺，他是清太宗皇太极之孙。康熙四年（1664 年），博翁果诺被封为郡王，后来又因故被革去爵位。雍正即位后，封其孙球琳为贝勒。如今贝勒府早已荒废，仅剩两株并肩而立的古槐树，见证着曾经辉煌的府邸历史。

古槐树干粗壮挺拔，纹理分明，仿佛一条条独特的岁月痕迹，在树皮上刻下了一道道深邃而神秘的印记。在

仰视古槐

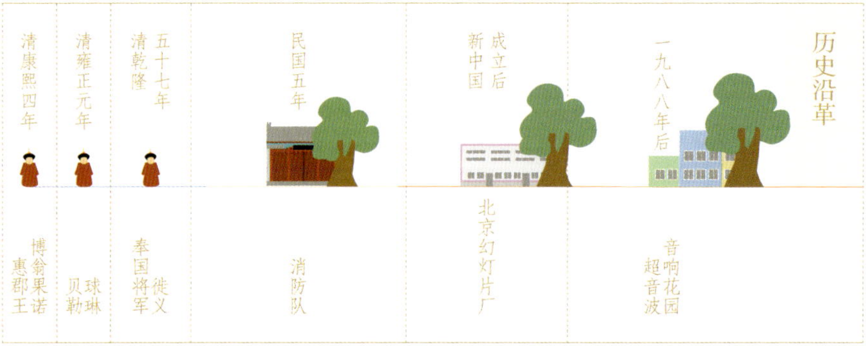

贝勒球琳府遗存的两株古槐树

阳光的照耀下，古树显得格外庄重肃穆，秋风起，金色阳光沐浴下的槐树叶随风摆动，与胜景不再的周围环境形成鲜明对照。

如今，这株古树依然屹立不倒，历经岁月的洗礼，仍拥有旺盛的生命力。它以自己独特的方式，见证着时光的流转。在昔日的王府内，这株古树就像一面镜子，映射无数往事，展示了一段段精彩绝伦的历史画卷。

交通→乘坐地铁 4 号线在新街口站（A 西北口）下车 | 乘坐公交车 105 路、111 路在新街口西站下车 | 乘坐公交车 105 路、111 路、7 路在新开胡同站下车 **开放情况**→不可游览 **特色古树观赏期**→槐树花期为 7—8 月 **周边景点**→棍贝子府（3 株古树）| 辅国公弘曧宅（2 株古树）| 正觉寺旧址 | 蔡锷故居 | 新街口城市森林公园

果亲王府

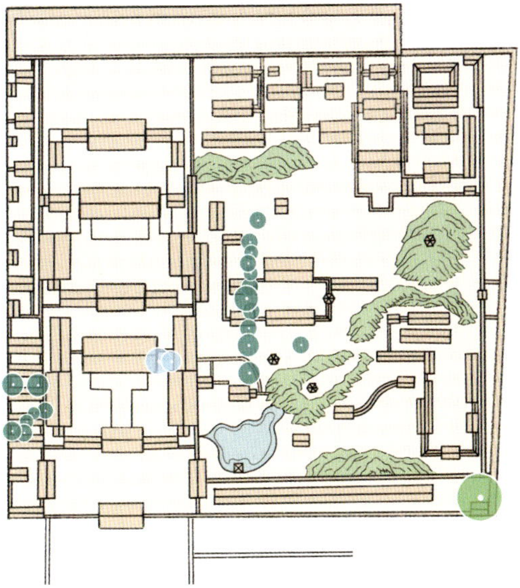

北

府宅信息

府宅名称　果亲王府
始宅主人　胤礼
现状情况　中国少年儿童活动中心
保护级别　无
地理位置　西城区平安里西大街43号

古树信息

古树数量　22株（二级古树）
树　　种　槐树、白皮松、圆柏
年　　代　清朝

↑ 果亲王府乾隆时期平面图（改绘自《北京私家园林志》）

↓ 果亲王府现状布局示意图

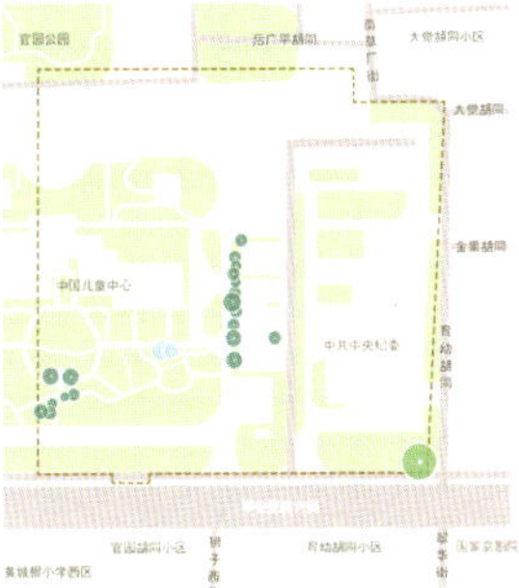

果亲王府，位于西城区平安里大街东首路西北，与南草厂胡同相对，曾是康熙帝第十七子胤礼的宅邸。今日的果亲王府已变身为“中国少年儿童活动中心”，曾经的王府旧址上仍生长着22株古树，它们历经风雨，诉说着无尽的沧桑。

胤礼曾在《承泽园诗序》中曾描绘这座府园的样子：“垂柳拂衣，水流潺潺，深涧长松，春光尤胜；四时朝暮之景不同，而心之所寄、目之所寓，亦有莫可名状者焉。”字句之间，令人心驰神往。

清代，果亲王府邸相继住过胤礼的嗣子弘瞻与其孙永瑹；嘉庆年间，这座府园被赐给嘉庆帝的第四子绵忻，更名为“瑞王府”；光绪年间，府园又被赐给载漪，被称为“端王府”。可惜的是，八国联军侵华战争期间，端王府及其花园遭受了严重破坏，已无遗迹。

今日的果亲王府已变身为中国少年儿童活动中心，松柏等古树挺立其中，如旁观者看时代变迁，观云卷云舒。世人言“秦槐汉柏”，是说槐树和柏树是很长寿的

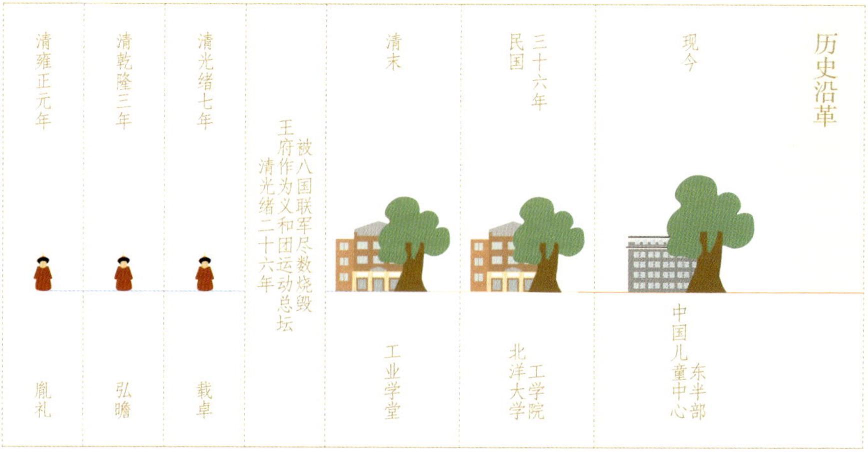

■ 在白皮松下乘凉的游人

树种，园中的古树圆柏最多，共有 19 株，此外还有 2 株白皮松和 1 株槐树等。

圆柏成群分布在儿童中心的两侧，三四株挺拔而粗壮的柏树整齐地排列在草坪上。在儿童中心的操场上有两株古槐，树枝遒劲有力，交错攀缘，展现出勃勃生机。这些古树曾经陪伴着王府一代代的贝勒们，见证了春华秋实、良辰美景。如今，这些古树与孩子们一同成长，在欢声笑语中焕发出盎然的生命力。

如今在中国儿童中心繁茂生长的古树

在树下乘凉的游人

交通→乘坐地铁 4 号线在新街口站（C 东南口）下车 | 乘坐公交车 47 路、7 路、夜 36 路在宝产胡同站下车 | 乘坐公交车 107 路、118 路等在平安医院站下车 | 乘坐公交车 107 路等在官园站下车 开放情况→可预约游览 特色古树观赏期→槐树花期为 7—8 月 周边景点→正源清真寺 | 宝禅寺 | 程砚秋故居 | 顺城公园 | 官园公园

■ 孔子圣像两侧的古圆柏

⑪ 西四北三条11号宅

西四北三条11号宅

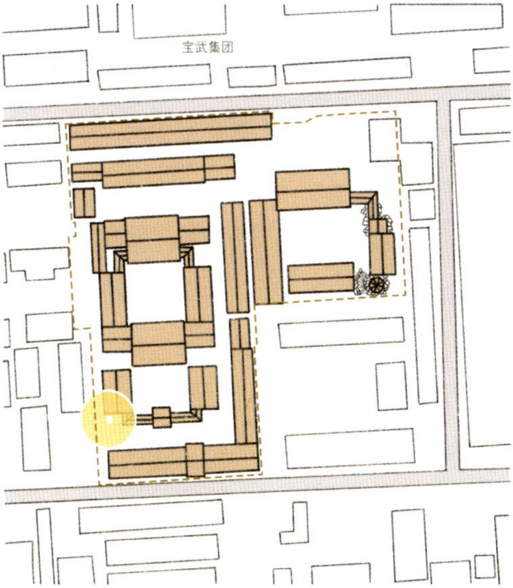

↑西四北三条11号宅现状布局示意图

府宅信息

府宅名称　西四北三条11号宅
始宅主人　马福祥
现状情况　西四北幼儿园
保护级别　市级文物保护单位
地理位置　西城区西四北大街三条胡同11号

古树信息

古树数量　1株（二级古树）
树　种　银杏
年　代　清朝

在西城区中部西四北三条胡同里，有一座带花园的中型宅园，现今是西四北幼儿园的所在地。据说，民国时期，这里是当时国民党政府军事委员会委员、蒙藏委员会委员长马福祥的宅子。

马福祥是中国国民革命军高级将领，他曾在光绪二十一年与其兄马福禄招募安宁军，自任骑兵管带，后在次年中武举，并率领军队抵御八国联军侵略，扈从慈禧太后、光绪帝逃往西安，此后步入政界。20 世纪 70 年代，这里曾是西城区教委的办公地，如今成为西四北幼儿园的所在地。

四合院分住宅与花园两部分，院里的小花园、游廊、花厅都保存得很好。院落的一侧，有一株古银杏挺立其中，生机盎然。

院落之中古银杏的树干笔直挺拔，树冠呈圆形，在屋檐上均匀散开，树皮灰白色，平滑而有光泽，给人一种古老而庄重之感。夏天时，它树冠浓密，为孩子们在课间游戏时遮阴。当秋季来临，院子落满金黄，古银杏与院落光影交织在一起，成了幼儿园里一道美丽的风景线。

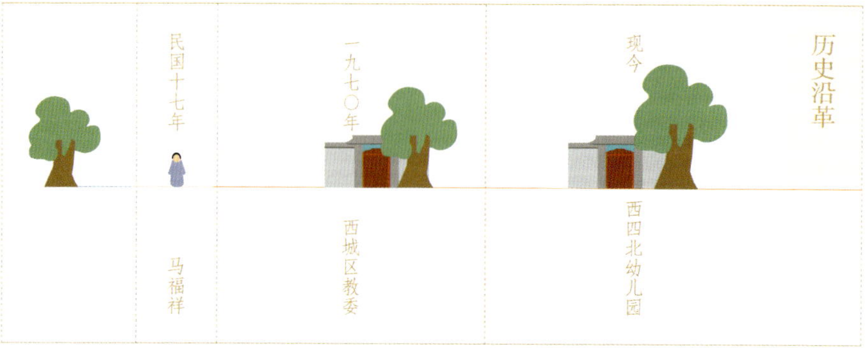

秋日的古银杏是胡同里最亮眼的颜色

这株古银杏目睹了百余年的世事变换，每到秋季，树叶飘落，仿佛在向人们讲述着这里的悠悠往事。

交通→乘坐地铁 4 号线在西四站（A 西北口）下车 | 乘坐公交车 105 路、13 路等在大红罗厂西口站下车 开放情况→不可游览 特色古树观赏期→银杏为 10 月中下旬—11 月中下旬观叶观果 周边景点→中国地质博物馆 | 历代帝王庙 | 广济寺 | 程砚秋故居

■ 古银杏轻抚屋檐

郑亲王府

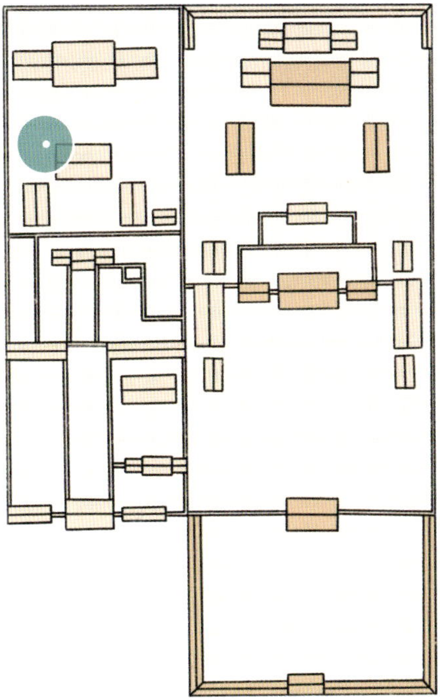

北

府宅信息

府宅名称　郑亲王府
始宅主人　济尔哈朗
现状情况　中国教育发展基金会、教育部及家属院
保护级别　市级文物保护单位
地理位置　西城区大木仓胡同35号

古树信息

古树数量　1株（一级古树）
树　　种　圆柏
年　　代　清朝

↑
郑亲王府
乾隆时期平面图
（改绘自《北京私家园林志》）

↓
郑亲王府
现状布局示意图

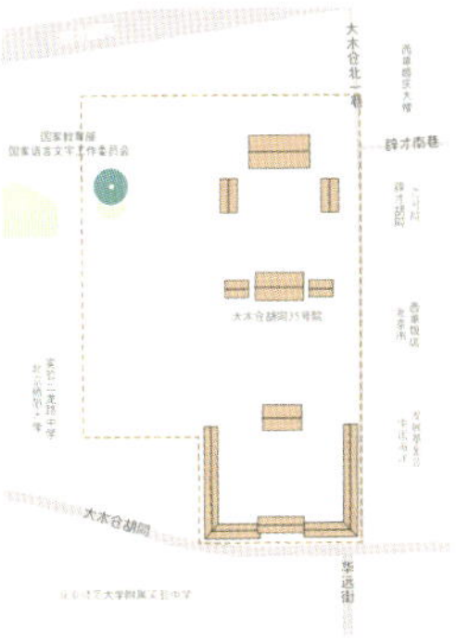

西城区金融街大木仓胡同里，坐落着一座曾经显赫的清王府——郑亲王府，如今这里挂着“中国教育发展基金会”的牌子，是教育部的办公地。走近教育部的大楼，一株已有 300 余年的古圆柏映入眼帘，这是郑亲王府留存的唯一一株古树。

树干蜷曲的印记，不仅彰显出古树百年的沧桑，更默示着这座王府跌宕曲折的演变经历。

郑亲王济尔哈朗，是清初佐命殊勋“八大铁帽子王”之一。其父舒尔哈齐是清太祖努尔哈赤的三弟，因与努尔哈赤对抗，最后被囚杀。从清初至清末，共有十七位亲王在郑亲王府居住。1918 年，末代郑亲王昭煦将王府祠堂出售，几年以后，他以郑亲王府作为抵押借钱。1925 年，中国大学（原国民大学，1917 年改名为中国大学，1949 年停办）替王府偿还了债务，取得了王府和花园的所有权，并聘请昭煦为大学校董，以补助他的生活。同年 9 月，中国大学迁入郑亲王府办学。新中国成立后，这里经改造，被用作教育部办公场所。

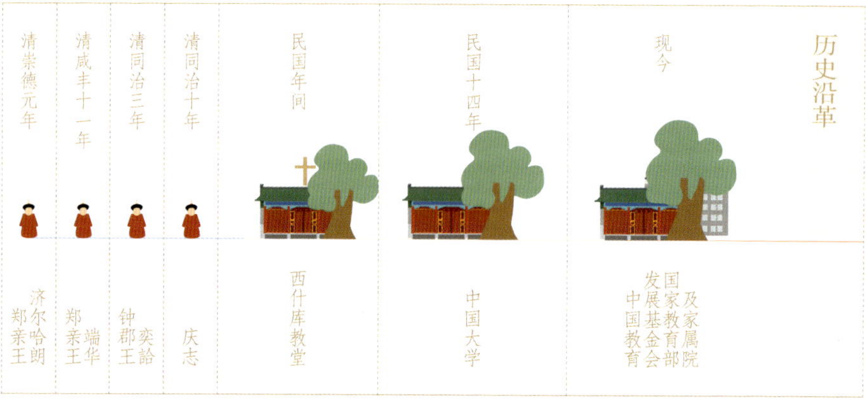

一级古树的树牌与树下的花朵相映成趣

这座昔日的清代王府，可寻到的踪迹已经十分稀少，那株自郑庆王府建立之初便存在于此的圆柏，被花园环绕，周围花朵簇拥，以其曲折的姿态，见证了这座宅园的几度易主，以及郑亲王府的历史沉浮。

交通→乘坐地铁 4 号线在灵境胡同站（C 东南口）下车｜乘坐公交车 102 路、105 路等在西单商场站下车 开放情况→不可游览 周边景点→西单商业街｜民族文化宫

⑬ 学院胡同39号宅

学院胡同39号宅

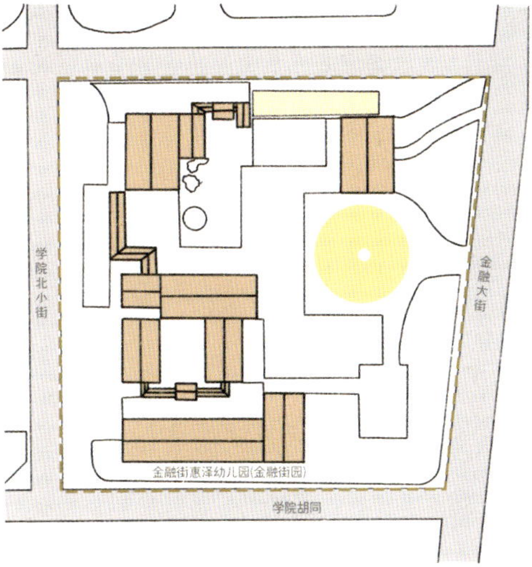

↑学院胡同39号宅现状布局示意图

府宅信息

府宅名称　学院胡同39号宅
始宅主人　不详
现状情况　开放绿地
保护级别　无
地理位置　西城区金融大街甲23号

古树信息

古树数量　1株（二级古树）
树　　种　银杏
年　　代　清朝

西城区学院胡同39号，是如今金融街上仅存的历史建筑，这座宅园坐北朝南，面积不大，但布局精巧，花园被包围在一众现代化大厦之中，显得尤为独特。除了保存的建筑格局，这里最具地标性的特征是花园中心生长的一株古银杏，它是这片区域里唯一的古树。

据记载，这座花园曾是一座私人宅园，由一位商人在民国初年建造而成。如今，宅院的内部格局基本得以完整保留，建成了一个对公众开放的街旁游园。花园中心那株惹眼的古银杏，成为往来行人不时驻足欣赏的微景观。

这株银杏高大参天，临街而立，车水马龙的热闹间隙，因为一株古树的存在而有了偏安一隅的意味。树下围绕着一圈座椅，不时有人坐在这里或悄声细语，或读书沉思，有时还有三两小孩在周围玩耍。古树与人，交织出时光的画卷。

斗转星移，时过境迁。此处的胡同从昔日的繁华府苑，变为今日热闹的街市，那株象征长寿、粗壮古朴的银杏则在百年时光变换之间挺立不变，为这座城市的快节奏生活带来了别具一格的风景。夏天，它为人们带来片刻清凉；秋天，它的黄叶扑簌为街头增添了别样的美丽。四季流转，时光荏苒，银杏在历史长河中为此地留下了独一份的印迹。

古银杏树所在地如今是街边的一处小游园（夏季）

古银杏树所在地如今是街边的一处小游园（秋季）

■　路人在古树下休息（夏季）

路人对着古树摄影（秋季）

交通→乘坐地铁 1 号线八通线或 2 号线在复兴门站（A 西北口）下车 | 乘坐公交车 38 路、47 路等在辟才胡同站下车 开放情况→可免费游览 特色古树观赏期→银杏为 10 月中下旬—11 月中下旬观叶观果 周边景点→都城隍庙后殿

古树树种小科普

（槐树） 槐树为北京市市树，其古树总量占比约 8.4%，位列第四。槐树树冠优美，花芳香，花冠为白色或淡黄色，花期 7—8 月份。槐树被中国古人赋予了深厚的人文情怀，如科举考试的年份叫作槐秋，举子赴考叫作踏槐，考试的月份叫作槐黄，高官之位叫作槐卿，饱受赞誉。

（龙爪槐） 龙爪槐是北京古树的珍稀树种，是槐树的芽变品种，落叶乔木，树冠如伞，小枝柔软下垂，状态优美，观赏价值很高。其枝条构成盘状，上部盘曲如龙，树枝奇特苍古；叶、花均可供观赏，花期 7—8 月，那时黄白色花序布满枝头，更加美丽可爱。

（榆树） 落叶乔木，树皮暗灰色，叶呈椭圆状披针形，扁圆形翅果像中国古代的铜钱，又被称作“榆钱”，可食用。每年春天，榆钱挂满枝头；夏日来临，伸展开来的枝杈繁茂无比，浓荫蔽日，树下凉爽宜人；寒冬季节，古榆树枝干遒劲，古朴素静。四季更迭，摇曳芳华。

（楸树） 楸树在我国有 3000 多年种植历史，其材质优等、树形优美、花美丽、花和叶含有丰富营养物质，兼具材用、观赏、药用及食用等多用途。它是北京古树的珍稀树种，楸树花期5—6月，一簇花通常有花2~12朵，花筒中可见黄色斑驳、紫红色细长条纹和斑点，印在白色花筒上，远看呈浅粉色。每年暮春时节，古楸树花盛开，浅粉色的花朵如云似雾，令人赏心悦目。

枣树 枣树原产我国，经考古资料证明，我国枣树栽培史已有7000多年，有古文献记载的有3000多年。因此，枣树是我国最古老的民族果树之一，与桃、李、杏、栗合称五果。枣树花期5—7月，果期8—9月。叶纸质，卵形；果实成熟时红色，后变红紫色，中果皮肉质，厚，味甜。

西府海棠 西府海棠又名小果海棠，素有“花中神仙”之称，传统园林中常与玉兰、牡丹、桂花相伴，构成“玉棠富贵”的意境。每年4月上旬，故居的西府海棠开放。最开始花蕾是粉红色的，随着花蕾的绽放，花色逐渐变浅，白里透红，如锦似霞。西府海棠花期4—5月，果期8—9月，伞形总状花序，有花4~7朵，集生于小枝顶端，果实近球形，成熟时红色。是北京古树的珍稀树种。

银杏 银杏树形优美，叶呈扇形，秋季叶色由绿转黄，金黄的银杏叶飘落一地，美得令人震撼，是经典秋季观叶植物，

11 月上旬是北京地区的最佳观赏期。根据《本草纲目》记载：“原生江南，叶似鸭掌，因名鸭脚。宋初始入贡，改呼银杏，因其形似小杏而核色白也，今名白果。”

元宝槭 元宝槭以彩叶著称，其嫩叶呈红色，秋季叶色先由青变黄，再转橙、显红、泛紫，往往一株树上有五色并存，为著名的秋色叶树种。它的果实可榨油，名为元宝槭油，其中含有珍贵的物质“神经酸”。神经酸是大脑神经纤维和神经细胞的核心天然成分，元宝槭作为可持续利用的神经酸新资源，受到了各国科学家的重视。

白皮松 白皮松树姿优美，树皮质地脆弱、纹理偏直、花纹美丽、不会分泌树脂。每年立秋后，白皮松的树皮以不规则的鳞状块片裂开脱落，露出粉白色的内皮，树干因此呈现迷彩花纹。在我国古代，白皮松属于名贵树种，是忠诚、挺拔的象征，唐代诗人张继有曾为白皮松作诗：“叶坠银杈细，花飞香粉干。寺门烟雨中，混作白龙看。”

侧柏 侧柏是常绿乔木，树冠为广圆形，生鳞叶的小枝细，向上直展或斜展，扁平，排成一平面。北京古树名木的树种多为侧柏，占比约为 53.9%。侧柏能够如此长寿，原因如下：从树种特性上来讲，它们生长缓慢，叶片小、结构特殊（如有叶片蜡质层），使其拥有较强的耐受逆境能力，容易在高温、冻害、干旱等自然灾害中“挺过来”，同时，侧柏中还富含多种萜类物质，能帮助植物更好地抵御虫害，更加长寿。

圆柏 圆柏是常绿乔木，亦是我国传统园林树种。其下部大枝平展，形成广圆形的树冠，生鳞叶的小枝近圆柱形或近四棱形卫矛，部分古树干枝扭曲，姿态奇古，可独树成景。它耐阴、耐寒、耐热，对土壤要求不高，钙质土、中性土、微酸性土壤都能生长，所以圆柏基本不需要太多的照顾，长势就很不错。北京有近 6000 株古圆柏，其古树数量排名第三，整体占比约为 13.7%。

卫矛 卫矛有一个极富诗意的别名，即“明开夜合树”，这与它昼开夜闭的开花习性有关，与昙花、月见草这类在夜间开放的花朵恰好相反。其花期 5—6 月，果期 7—10 月，聚伞花序 1~3 花，花白绿色，直径约 8 毫米，种皮褐色或浅棕色，是北京古树的珍稀树种。

古树树种索引

槐树

龙爪槐

榆树

楸树

枣树

西府海棠

银杏

参考文献

贾珺 . 北京私家园林志 [M]. 北京：清华大学出版社，2009.
周维权 . 中国古典园林史 [M]. 北京：清华大学出版社，1999.
刘临安，陆翔 . 北京王府建筑 [M]. 北京：中国建筑工业出版社，2016.
陈平，王世仁 . 东华图志 [M]. 天津：天津古籍出版社，2005.
冯其利 . 寻访京城清王府 [M]. 北京：文化艺术出版社，2006.
北京市古代建筑研究所，北京市文物事业管理局资料中心 . 加摹乾隆京城全图 [M]. 北京：北京燕山出版社，1996.
喜龙仁 . 西洋镜：中国园林 [M]. 北京：台海出版社，2016.

审图号：京 S（2024）067 号

图书在版编目（CIP）数据

故园茂树 / 首都绿化委员会办公室，北京市园林古建设计研究院有限公司编 . -- 北京：中国林业出版社，2025. 1. -- ISBN 978-7-5219-3068-9

Ⅰ . S717.21

中国国家版本馆 CIP 数据核字第 20244TF926 号

扫码带你玩转
故园茂树

策划编辑　吴　卉　张　佳
责任编辑　张　佳
书籍设计　张志奇工作室

出版发行　中国林业出版社
（100009，北京市西城区刘海胡同 7 号，电话 83143561）
电子邮箱　books@theways.cn
网址　www.cfph.net
印刷　鸿博昊天科技有限公司
版次　2025 年 1 月 第 1 版
印次　2025 年 1 月 第 1 次印刷
开本　889mm × 1194mm 1/32
印张　6.375
字数　150 千字
定价　79.00 元